肉鸡养殖
知识问答

王培永　赵振华　吴兆林　主编

中国农业出版社
北　京

图书在版编目（CIP）数据

肉鸡养殖知识问答 / 王培永，赵振华，吴兆林主编.
北京：中国农业出版社，2024. 6（2025. 11 重印）. -- ISBN
978-7-109-32145-8

Ⅰ. S831. 4-44

中国国家版本馆 CIP 数据核字第 2024H1G445 号

中国农业出版社出版

地址：北京市朝阳区麦子店街 18 号楼
邮编：100125
责任编辑：周锦玉
版式设计：杨　婧　　责任校对：吴丽婷
印刷：中农印务有限公司
版次：2024 年 6 月第 1 版
印次：2025 年 11 月北京第 5 次印刷
发行：新华书店北京发行所
开本：880mm×1230mm　1/32
印张：4
字数：103 千字
定价：28.00 元

••• 编写人员

主　编　王培永　赵振华　吴兆林

副主编　林　成　张　萍　李春苗　杜明喜
　　　　李长彬　闫　艳　赵　娟

参　编　时云凤　王洪金　毕祥乐　余德方
　　　　宋子杰　谢　雷　黄正洋　黄华云
　　　　赵瑶新　闫运民　周长军　朱井兴
　　　　张克标　朱琼剑　王钱保　徐庆芝
　　　　张　丽　陈孝会　蒋连成　陈孝会
　　　　杨宏忠

前言

　　我国肉鸡产业发展迅速，正从传统养殖模式向规模化、产业化、智能化转变，出现很多大型养殖公司，同时中小规模养殖场以及散养户依然存在，养殖技术水平参差不齐。为提高肉鸡养殖从业者饲养管理水平、法律意识和环保意识，江苏省现代农业（肉鸡）产业技术体系铜山推广示范基地联合江苏省家禽科学研究所，特集中一批长期工作在行业一线的同志编写了本书。为使本书内容更适用于生产实际，编者深入基层调研，搜集养殖场关心的问题和技术需求。为方便养殖从业者阅读学习，特采用问答形式，详细解答养殖户在生产过程中遇到的饲养管理、疾病防控、粪污治理和资源化利用、法律法规、药物使用等方面的问题。对于广大养殖户来说，本书是一本较为全面、系统而又实用的参考书。

　　由于编者水平有限，本书内容又偏重于本地区的生产实际，可能存在不足之处，敬请读者批评指正，以便再版时修改。

编　者

2023 年 3 月

目录

前言

第一篇　肉鸡饲养管理

第二篇　疾病防控

第三篇　粪污治理和资源化利用

第四篇　法律法规

第五篇　药物知识

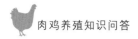

第一篇 肉鸡饲养管理

1. 什么是肉鸡?

我国肉鸡常见的品种有白羽肉鸡、小型白羽肉鸡和黄羽肉鸡。白羽肉鸡多为引入品种,包括 AA、罗斯 308、科宝、哈巴德,以及我国自主培育的圣泽 90、广明 2 号、沃德 188 等。小型白羽肉鸡包括 817、沃德 158 和益生 90 等品种。黄羽肉鸡,包括我国的地方鸡种,如大骨鸡、茶花鸡、固始鸡、泰和鸡、仙居鸡、白耳鸡、北京油鸡、萧山鸡等;以及利用地方鸡种培育的新品种(配套系),如邵伯鸡、花山鸡、金陵麻乌鸡、京海黄鸡等。

2. 肉鸡场选址需要注意哪些问题?

选址必须符合当地农牧业总体发展规划、土地利用开发规划和城乡建设发展规划的用地要求。不宜选择自然保护区,生活饮用水水源保护区,风景旅游区,洪水或山洪、泥石流、滑坡等自然灾害多发地带,自然环境污染严重地区或地段等。

肉鸡场应选在地形开阔,排水和通风良好,地势高燥或稍有坡度向阳背风的平地。在我国,鸡舍朝向以坐北朝南或进风方向为上风向最理想,鸡舍进风方向不宜为下风向。

选址时,要避开有如断层、陷落、塌方及地下泥沼地层等地层状况的区域,有裂断崩塌、回填土等土层的区域也尽量不要选择。

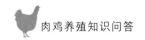

鸡场内的土壤，以沙质土壤最为适合。非沙土地的鸡场，应做到排水良好，保证在多雨季节不出现潮湿和泥泞。同时所选位置要满足建筑物地基承载力的要求。

《动物防疫条件审查办法》要求：养殖场距离生活饮用水源地、动物屠宰加工场所、动物和动物产品集贸市场500m以上；距离种畜禽场1 000m以上；距离动物诊疗场所200m以上；动物饲养场（养殖小区）之间距离不少于500m；距离动物隔离场所、无害化处理场所3 000m以上；距离城镇居民区、文化教育科研等人口集中区域及公路、铁路等主要交通干线500m以上。

选址时应在满足《动物防疫条件审查办法》等标准、规范要求的前提下，尽量选择交通便利的地段，以确保养殖场必需的原料购买运入以及商品的销售运出方便快捷，降低运输成本。

3. 大型肉鸡场如何布局？

各区排列顺序按主导风向、地势高低及水流方向依次为生活区、行政管理区、辅助生产区、生产区和病死鸡及粪污处理区。若地势、水流和风向不一致，则以风向为主。

鸡舍一般要求横向成行，纵向成列；尽量将建筑物建成方形，避免建筑物过于狭长而造成饲料、粪污运输距离加大，管理不便。鸡舍排布时注意东西走向，南北朝向；净道在中间，污道分两边；横向南通风，纵向污道行。鸡舍间距一般为9～12m。

4. 怎样挑选优质雏鸡？

保证雏鸡来自健康鸡群。尽可能选择大厂家、高品质的鸡苗。

雏鸡应孵自52g及以上的种蛋。雏鸡大小和颜色均匀、清洁、干燥、绒毛松而长，带有光泽；眼睛圆而明亮，行动机敏、健康活泼；腹部柔软，卵黄吸收良好；脐部愈合良好且无感染；肛门周围绒毛不粘连成糊状；脚的皮肤光亮如蜡。

5. 雏鸡进场前需要做好哪些准备工作？

（1）清理鸡舍　将粪便、旧垫料、剩余的少量饲料等集中清理。将鸡舍冲洗干净后，再用消毒液对整个鸡舍喷雾消毒。

（2）检查鸡舍　检查屋顶、门窗的严密性。检查供水供电系统，照明、加温等设备能否正常运行。防止鸟和老鼠进入鸡舍。

（3）熏蒸消费　进鸡前 6d，将育雏用具放入鸡舍中摆好，对鸡舍进行熏蒸消毒。熏蒸时要关好门窗，熏蒸 24h 后打开门窗通风 2d。

（4）提前预温　夏季提前 2d、冬季提前 3d 进行鸡舍预温，保证雏鸡入舍时达到 32～33℃，相对湿度达到 65%～70%。

（5）预备温开水　在雏鸡到场 2h 前，将饮水器注满饮用水，水温 25℃。

6. 肉鸡饲养育雏期管理要点是什么？

入雏后，要引导雏鸡尽快开水、开食。饮水中可以加入葡萄糖和电解多维。如果雏鸡不会饮水，可帮助雏鸡喙碰触饮水器使其学会饮水。坚持少喂勤添，保持饲料新鲜，每次添料前将开食盘内的粪便清理干净。每 2～3h 唤鸡 1 次，刺激鸡只饮水与开食。

鸡舍温度：1～3 日龄 32～33℃，4～7 日龄 30～32℃，8～14 日龄 27～30℃，15 日龄之后 24～27℃，同时要勤加观察并根据需要及时调整温度。

7. 肉鸡饲养育成期管理要点是什么？

以通风为主，保温为辅。如果不注意通风，鸡群的排泄物产生的有害气体会造成鸡舍空气污浊，影响鸡群的健康和生产性能。

随着养鸡时间的延长，鸡舍环境的污染越来越严重，因此在做好通风的同时，需要每天进行带鸡消毒。

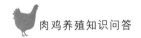

要注意加强光照管理，光照强度太大容易导致啄癖，强度太小又起不到刺激采食的目的。

8. 如何判断鸡舍内温度是否合适？

温度适宜：白天雏鸡活泼好动，饲料饮水正常，且在舍内均匀分布，晚上鸡群安静，不扎堆，伸长脖子休息。

温度过低：鸡群聚堆，靠近热源，发出叽叽的叫声。

温度过高：鸡群展开翅膀，张嘴呼吸，远离热源，发出吱吱的叫声。

9. 如何掌握鸡舍内湿度？

肉鸡饲养过程中环境相对湿度的控制要求：第一周 65%～70%，第二周为 60%～65%，第三周以后为 55%～60%。鸡舍内湿度是否适宜，可以用干湿度计测定，也要根据人进入鸡舍内的感觉和肉鸡的表现来判断。如果人在鸡舍内有湿热感，无鼻干口燥，肉鸡精神状态良好，胫、趾部细嫩有光泽，鸡群活动时基本无粉尘飞扬，则表明湿度适宜。

10. 肉鸡出栏时需要注意哪些问题？

按照生产计划，安排抓鸡的具体时间。出鸡前 3d 确认所需的饲料量，避免饲料剩余或不足。出鸡前 6h 停止饲喂，抓鸡开始后停止饮水，将水线、料线提升到 2m 左右的高度，避免影响抓鸡。加大通风量。鸡笼装车过程中，动作要轻，以降低应激。

11. 春季肉鸡养殖需要注意哪些问题？

（1）保温与通风　早春气候多变，昼夜温差大，做好通风换气尤为重要。上午 9—11 时的升温阶段，要逐渐增加通风量；中午高温阶段，根据气候变化调控通风、温度；下午 4 时至夜里 11 时的降温阶段，逐渐减小通风量。1～2 周龄的鸡以保温为主，3 周龄开始适当通风，4 周龄以后以通风为主。

（2）卫生消毒　随着气温回升，病毒、寄生虫及传播疫病的媒介生物繁殖加快，容易发生多种疾病。必须及时清除粪便，妥善处理病死鸡。定期对用具、鸡舍及其周围的环境进行消毒。消毒选择 2～3 种不同成分的药物交替进行，以免产生耐药性。饮水和喷雾消毒配合执行。

（3）接种疫苗　疫苗稀释采用专用稀释液或蒸馏水；稀释好的疫苗必须在规定时间内用完；妥善保管好疫苗，疫苗从冰箱中取出后不能立即使用，待恢复至室温后再用；进行点眼、滴鼻免疫接种前后 24h 不要进行喷雾和饮水消毒。

（4）饲喂优质饲料　早春气候多变，鸡的抵抗力相对较弱，应饲喂易消化的全价配合饲料，增强肉鸡对不良环境和疾病的抵抗力，使肉鸡发挥较高的生产潜力。

（5）防霉变　气温回升后，霉菌会加快繁殖，尤其是垫料和含水量偏大的饲料容易滋生霉菌。这些霉菌产生的毒素可导致鸡的采食量大幅降低，组织器官受损，生产性能低下，甚至使鸡群发生死亡现象。应选购符合饲料卫生标准、管理规范厂家的饲料，饲料中添加脱霉剂。

（6）药物预防　创造良好的饲养环境，包括鸡场大环境和舍内小环境。精准合理用药。严格按照无抗养殖要求，从强化鸡的免疫功能入手，以防为主，选择抗生素替代药物。

12. 夏季肉鸡养殖需要注意哪些问题？

夏季天气炎热，可采取拉遮阳网或种植树木等方式遮住照射鸡舍的阳光。增加鸡舍屋顶及外墙的隔热性。合理安排风扇，增加舍内空气流动速度，以降低鸡体感温度。水里投放抗热应激药，可用

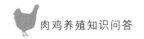

维生素饮水或碳酸氢钠定期饮水。降低饲养密度。

夏季可以将饲料中的蛋白质水平提高 5%～10%，降低玉米的含量，并加大维生素、矿物质的含量。早晚气温较低时进行饲喂有助于鸡群采食，白天气温较高时应减少饲喂量。

夏季高温高湿，雨水多，饲料容易发生霉变。袋装饲料码放时应注意与墙壁保持一定的距离，地面可使用垫板，与地面保持 10～20cm 的距离。散装饲料不应直接接触地面，堆放时间不要超过 3d，每次要清理干净才能进新饲料。为了保证饲料进入料槽之后不会因为长时间不被采食而霉变，添加饲料时应做到少量多次，并确保料槽每日净槽 1 次。

13. 秋季肉鸡养殖需要注意哪些问题？

秋季病原微生物大量繁殖，鸡群易患各种疾病，应搞好鸡舍的环境卫生，加强鸡舍和设备的消毒。

秋季昼夜温差大，要关注天气情况，合理安排好鸡舍的保暖与通风工作。中午温度较高时，要加大通风量，注意检查湿帘系统。早晚温度较低或受冷空气影响时，要注意保暖。

天气变化较大时，鸡群易发生应激，养殖人员工作时要尽量保持舍内安静。

14. 冬季肉鸡养殖需要注意哪些问题？

（1）冬季鸡舍内需要的温度与外界气温相差悬殊，既要通风换气又要保持舍内温度是应解决的主要问题。在通风换气的同时，注意不要造成舍内温度忽高忽低，严防由于温差过大造成鸡群应激反应引起疾病，通风口以高于鸡背上方 1.5m 以上为宜。鸡舍要维修好，防止贼风、穿堂风侵袭鸡群。平地饲养的肉鸡群要加厚垫料，利用垫料来提高室内温度。

（2）鸡群排泄的粪便和潮湿的垫料不及时清除，会致使鸡舍内氨气蓄积、浓度增大，如不做好通风换气，将导致肉鸡氨气中毒或引发其他疾病。饲养管理过程中应尽量减少洒水，防止水槽漏水；此外，可使用吸氨除臭剂来降低鸡舍的氨气浓度，常用的有硫酸亚铁、过磷酸、硫酸铜、熟石灰之类。

（3）根据肉鸡不同的生长阶段，按饲养标准配制日粮。由于冬季气温偏低，肉鸡的热量消耗较大，可适当提高饲料中代谢能的标准，降低饲料中蛋白质的比例，同时要特别注意日粮中维生素的含量应满足鸡生长需要。所配饲料的原粮必须无霉变、无杂质，以防诱发呼吸道疾病。

（4）冬季进雏前应对鸡舍进行严格的冲刷、消毒、熏蒸。控制饮水，一般饮水是耗料量的2～3倍，但不宜过多供水，因为水多会加剧垫料的潮湿。平养的肉鸡群易发生非传染性呼吸道病，尤其是25日龄左右的肉鸡在冬季时易发，因此要在保持舍内温度前提下，加大通风量，以保证舍内氧气含量。

（5）要注意对供水、供暖等设备进行定期维护、巡查，尤其要防止水管冻裂或堵死，以免引起水线断水，造成肉鸡缺水。

第二篇 疾病防控

15. 什么是肉鸡疾病？

肉鸡疾病是肉鸡机体与各种致病因素相互作用产生的损伤与抗损伤的复杂过程，表现为机体生命活动异常及经济价值降低。

16. 肉鸡疾病如何分类？

根据其发病原因的不同，常分为侵袭性疾病和普通病两类。

17. 什么是侵袭性疾病？

所谓侵袭性疾病，是指由特定病原体引起的疾病，包括由细菌、病毒、真菌等引起的传染病及由吸虫、线虫、绦虫和原虫等引起的寄生虫病。

18. 什么是传染病？

传染病是指由病原微生物侵入鸡体，并在鸡体内生长繁殖，从而引起鸡生理的、形态的异常，并且可以在个体和群体间传播的一类疾病。

19. 什么是寄生虫病？

寄生虫病是由寄生虫寄生在鸡体内，从而扰乱鸡的正常生理功能，导致鸡营养不良、贫血、消瘦甚至死亡的一类疾病。

20. 什么是普通病？

普通病是指由非特定病原体引起的动物疾病，包括营养代谢性疾病、中毒性疾病、应激性疾病、免疫性疾病和因饲养管理不当引起的各种器官系统性疾病等多种没有传播性的疾病。

21. 什么是营养代谢性疾病？

营养代谢性疾病是肉鸡发生营养紊乱性疾病和代谢紊乱性疾病的总称。肉鸡的营养代谢性疾病随着现代养鸡业的发展而逐步增多，主要是因为饲料中营养物质的不平衡，造成肉鸡所需的某些营养物质不足或缺乏，或是某些营养物质过剩，从而干扰了另一些营养物质的吸收和利用，使得肉鸡的正常生命活动和代谢过程表现异常。常见的肉鸡营养代谢性疾病包括维生素缺乏症、矿物质元素缺乏症，以及脂肪肝综合征和痛风等。

22. 造成中毒性疾病的原因有哪些？

肉鸡中毒性疾病随着现代化养鸡业的发展而逐步增多，主要与大量甚至滥用某些添加剂和抗生素等药物有关，另外环境污染的加剧也是造成中毒性疾病发病率上升的一个重要原因。对于动物机体来说，任何外源性物质甚至是必需营养物质过多，均可引起中毒性疾病的发生。

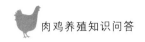

23. 中毒性疾病有哪些？

中毒性疾病主要包括饲料中毒、霉菌毒素中毒、药物与添加剂中毒、农药及灭鼠药中毒等。

24. 什么是饲料中毒？

所谓饲料中毒，指的是不正确使用某些饲料而引起的肉鸡中毒。可以是由于采食过量且其本身就含有对肉鸡有害成分的农副产品引起，如菜籽饼中毒；也可以是由于饲料加工、储存不当产生了有害成分，如青饲料加工不当引起的亚硝酸盐中毒。常见的饲料中毒包括食盐中毒、硝酸盐中毒、亚硝酸盐中毒、棉籽饼中毒、菜籽饼中毒等。

25. 肉鸡传染病有什么特征？

（1）发病原因相似　肉鸡传染病均与特异性的致病性微生物感染有关。如鸡瘟是由鸡新城疫病毒感染引起的，禽霍乱是由巴氏杆菌感染引起的。没有鸡新城疫病毒、巴氏杆菌的侵入，就不会有鸡瘟和禽霍乱的发生。

（2）具有传染性和流行性　疾病可以通过一定的途径在个体或群体间蔓延，并且在一定时期内可以从一个地区传染到另外一个地区。

（3）常有较明显的全身症状　如发病鸡食欲下降或废绝，精神萎靡等。

（4）一般均有特异性的临床症状和病理变化　即由同种微生物引起的疾病，病鸡都具有相同的、固定的症状表现和解剖病变。

（5）被感染的机体发生特异性反应　即在传染过程中由于病原微生物的抗原刺激作用，机体发生免疫生物学的改变，产生特异性的抗体和变态反应。这种改变可以用血清学变化等特异性反应检查出来。耐过的肉鸡能获得有针对性的特异性免疫能力，使机体在一定时期内或终身不再感染该种疾病。

26. 肉鸡传染病的传播有什么规律？

传染病的发生以及形成传播流行过程，必须具备 3 个基本环节，即传染源、传播途径和易感动物。如果切断其中任何一个环节，传播过程即告结束。

27. 肉鸡传染病的传染源有哪些？

传染源包括病鸡、携带病原体的鸡等。对前者，养殖者都很关注；而对携带病原体的鸡往往容易忽略。平时可以看到一些鸡场把瘦弱鸡（往往为携带病原体的鸡）挑出来单独饲养，这就容易造成传染病的发生，因为这些弱鸡最容易发病，进而造成传染病的快速扩散。因此，建议对挑出来的弱鸡及时进行无害化处理，不要单独饲养。

28. 肉鸡传染病的传播途径有哪些？

病原体由传染源排出后，经一定的方式再侵入其他易感动物所经历的路径称为传播途径。根据传播途径的性质或病原体所经历的先后路径，可将其分为两类或两个阶段。一类即第一个阶段，是病原体从传染源排出后到刚一接触被感染动物的这段路径，主要包括外界自然环境中的各种媒介，如空气、水源、土壤、饲料、医疗制剂、精液、卵胚、用具（包括医疗器械、运输工具）、节肢动物、野生动物（包括鸟类）、非本种动物和人类等；另一类即第二阶段，是病原体从接触被感染动物到侵入动物体内器官组织的这段路径，主要包括呼吸道、消化道、泌尿生殖道、皮肤黏膜创伤（包括自然创伤和医疗性创伤等）和眼结膜等。

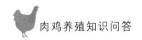

29. 肉鸡寄生虫病有什么特征？

（1）均可找到与疾病相关的特定病原体，如感染绦虫病，一定可以在鸡体内找到相当数量的绦虫。

（2）病情发展一般较慢，其病理过程多为慢性、消耗性的。寄生虫寄生生活的特点决定了它对宿主作用的缓和性，主要是通过与宿主竞争营养而对宿主产生不良影响。因此，发病鸡一般表现为逐渐消瘦、贫血、水肿、生长发育缓慢和生产性能低下等慢性、消耗性疾病的症状。

（3）传播过程中，常常需要一种或一种以上动物的参与。

（4）多有明显的季节性。由于寄生虫一般都具有复杂的生活史，其传播常常需要特定的环境条件。如肉鸡球虫病一般发生在高温高湿的季节，这与球虫感染性卵囊的发育需要特定的温度和湿度有关。

（5）常常可复发，并可造成并发或继发。寄生虫病一般不刺激机体产生特异性免疫，因此常常会造成重复感染。寄生虫病发生后，常常引起机体抵抗力下降，并且寄生虫虫体的体内移行也会造成其他微生物的转移，因此，寄生虫病常常与其他疾病同时发生或继发其他疾病，引起更大的危害。

30. 肉鸡寄生虫病的传播有什么规律？

肉鸡寄生虫病的传播与流行和传染病一样，也必须具备传染源、传播途径和易感动物3个必备条件，缺一不可。由于寄生虫常具有复杂生活史，寄生虫的传播还与环境流行因素有密切的关系。

31. 肉鸡寄生虫病的传播途径有哪些？

传播途径包括经皮肤感染、经口感染、接触感染。一般种类的寄生虫只限于一种感染方式，而有些种类的寄生虫则有两种或更多的感染方式。

32. 肉鸡营养代谢病有什么临床特征?

（1）群体发病。在集约化饲养条件下，特别是饲养管理不当造成的营养代谢病，常呈群发性，同舍或不同舍的肉鸡同时或先后发病，表现出相同或相似的临床症状。

（2）病程缓慢。营养代谢病的发生一般要经历化学紊乱、病理改变及临床异常 3 个阶段，从病因作用至呈现临床症状常需数周、数月或更长时间。

（3）常以营养不良和生产性能低下为主要症状。

（4）多种营养物质同时缺乏。

（5）地方性流行。

33. 肉鸡中毒病有什么临床特征?

肉鸡群发生中毒时，往往表现为疾病的发生与肉鸡采食的某种饲料、饮水或接触某种毒物有关。患鸡的主要临床症状一致，因此在观察时要特别注意中毒鸡的特征性症状，以便为毒物检验提示方向。急性中毒时，鸡在发病前食欲良好，鸡群中食欲旺盛的由于摄毒量大，往往发病早、症状重、死亡快，出现同槽或相邻饲喂的鸡群相继发病的现象。急性中毒死亡的鸡在剖检时，胃内充满尚未消化的食物，说明死前不久食欲良好。死于功能性毒物中毒的肉鸡，实质性器官往往缺乏肉眼可见的病变。死于慢性中毒的病例，可见肝肾或神经出现变性或坏死。

34. 肉鸡场如何防范传染病?

（1）要做好场址的选择与布局控制。这是肉鸡场最基础的工作，也是做好传染病防控的最根本保障。

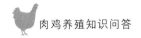

（2）做好科学的饲养管理。

（3）消毒控制。

（4）免疫接种。

35. 如何做到科学饲养管理？

（1）把好引种关。预防鸡病，鸡苗的来源是根本。选择无病原感染、抗病力强、适应本地条件的优良鸡苗，是搞好生产的基本要求。应从种源可靠的无病种鸡场引进鸡苗。因为有些传染病可以由感染母鸡通过受精蛋或病原体污染的蛋壳传染给雏鸡，这些孵出的带菌（毒）雏鸡或弱鸡很容易大批发病、死亡。即使是外表健康的带菌（毒）雏鸡，在不良环境等应激因素影响下，也很容易发病或死亡。因此，选择无病原体污染的鸡苗是提高雏鸡成活率的重要因素。从外地引种时，必须先了解当地的疫情，确认无传染病或寄生虫病流行后方能引进。

（2）做好隔离工作。大规模饲养时，很容易感染各种疫病，必须建立严格的防疫制度，切实做好清洁卫生及疾病防治工作。禁止人员往来与用具混用；严防其他畜禽窜入鸡舍；杜绝市售家禽产品进入场区；设置消毒设施；及时发现、隔离和淘汰病鸡。

（3）满足营养需要。疾病的发生与发展往往与鸡群体质有关，而鸡群体质又与鸡的营养状况有着直接关系。如果不按科学方法配制饲料，或饲喂和管理方式不科学，均将影响机体的正常代谢，使其对营养的消化吸收能力减弱或受阻，导致体质变弱，生长发育受阻。因此，在饲养管理过程中，要根据鸡的品种、大小、强弱不同分群饲养，按其不同生长阶段的营养需要供给相应的配合饲料，在做到饲料全价性的同时，采取科学的饲喂方式，以保证机体的营养需求。

（4）创造良好的饲养环境。减少各种应激因素对鸡造成的不良影响。

（5）搞好环境清洁卫生工作，即清除适宜病原微生物生存和繁殖的环境条件，如潮湿等。

（6）做好有害气体的控制。鸡舍内的有害气体主要有氨气、硫化氢、二氧化碳、一氧化碳和甲烷等，这些有害气体会对鸡的健康状况和生产性能造成严重危害。

（7）做好粉尘的控制。

（8）做好噪音的控制。

（9）定期驱虫。

（10）做好粪便和垫料的处理。

（11）做好污水的处理。

36. 什么是消毒？

所谓消毒，就是利用物理、化学或生物学方法杀灭或清除外界环境中的病原体，从而切断其传播途径，防止疫病的流行。消毒一般不包含对非病原微生物及芽孢、孢子的杀灭。消毒是贯彻"预防为主"方针的一项重要措施。消毒的目的是消灭被传染源散播于外界环境中的病原体，以切断传播途径，阻止疫病继续蔓延。

37. 消毒如何分类？

根据消毒的目的，可将其分为以下 3 种。

（1）预防性消毒　结合平时的饲养管理，对鸡舍、场地、用具和饮水等进行定期消毒，以达到预防传染病的目的。此类消毒一般每 1～3d 进行一次，每 1～2 周还要进行一次全面、大规模消毒。

（2）临时消毒　指在发生传染病时，为了及时消灭刚从传染源排出的病原体而采取的消毒措施。消毒的对象包括患病动物所在的圈舍、隔离场地，以及被患病动物分泌物、排泄物污染或可能污染的一切场所、用具和物品。通常在解除封锁前，进行定期的多次消毒，患病动物隔离舍应每天消毒 2 次以上或随时进行

消毒。

（3）终末消毒　在患病动物解除隔离、痊愈或死亡后，或者在疫区解除封锁之前，为了消灭疫区内可能残留的病原体而进行的全面彻底的大规模消毒。

38. 消毒有哪些方法？

（1）机械性清除　用机械的方法如清扫、洗刷、通风等清除病原体，是最普通、最常用的方法。如鸡舍地面的清扫和洗刷，可将鸡舍内的粪便、垫草和饲料残渣清除干净，随着污物的清除，大量病原体也被清除。在清除前，应根据清扫的环境是否干燥及病原体危害性大小，决定是否需要先喷洒清水或某些化学消毒剂，以免打扫时尘土飞扬，造成病原体散播，影响人和动物的健康。清扫出来的污物，根据病原体的性质，进行堆沤发酵、掩埋、焚烧或其他药物处理。机械性清扫不但可以除去环境中 85％ 的病原体，而且由于去除了各种有机物对病原体的保护作用，可使随后的化学消毒剂对病原体发挥更好的杀灭作用。

通风也具有消毒的作用。它虽不能杀灭病原体，但可以在短期内使室内空气交换，减少病原体的数量。通风的方法很多，如利用窗户或气窗换气、机械通风等。通风时间视温差适当掌握，一般不少于 30min。

（2）物理消毒　利用阳光、紫外线和干燥等方法杀灭病原体。高温是最彻底的消毒方法之一，包括火焰烧灼及烘烤、煮沸消毒和蒸汽消毒。

（3）化学消毒　利用化学消毒剂杀灭病原体。化学消毒的效果取决于许多因素，如病原体的特点、所处环境的情况和性质、消毒时的温度、药剂的浓度、作用时间等。选择化学消毒剂时，应考虑对该病原体的杀灭能力强、对人和动物的毒性小、不损害被消毒的物体、易溶于水、在消毒的环境中比较稳定、不易失去消毒作用、价廉易得和使用方便等因素。

39. 鸡舍空圈消毒"五字诀"是什么？

一空：将同一圈舍内所有鸡全部转出，做到彻底空圈，坚持"全进全出"的原则。

二清：将圈舍内的粪便、垃圾、杂物和尘埃等清扫干净，不留任何污物。

三洗：将圈舍用清水反复冲洗干净。如不冲洗干净就盲目消毒，既浪费人力物力，又收效甚微。

四消：采用消毒剂进行正式消毒。地面可用 3‰～5‰ 的烧碱水洗刷消毒，待 10～24h 后再用水冲洗一遍。墙面可用石灰水粉刷消毒。舍内空气可采用喷雾消毒法，气雾粒子越细越好。

五干：消毒完毕，圈舍地面必须干燥 3～5d，整个消毒过程不少于 7d，然后进入下一个生产周期。

40. 忽视消毒的原因有哪些？

（1）看不到直接效果，整体消毒意识不强。有的养殖场不消毒或没有及时消毒，是因为误认为即使消毒，病原体照样能通过风、空气和粪尿等传播，疫病仍然会发生，所以就不消毒了，从而导致养殖环境污染加重，疫病猖獗。

（2）存在不消毒不得病、消毒也生病的畸形意识。即消毒也要生病，生病后还得用药物治疗，不如把消毒费用省下来。这是因为不了解消毒对降低发病率的重要性而导致的。

（3）消毒剂质量差及大量低价、劣质的产品充斥市场，使广大用户在使用后更加看不到效果，因此就更不重视消毒工作了。

（4）节省费用。不消毒表面来看似乎是节省了费用，实际上可能要花几倍或更多的治疗费用。

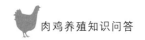

41. 消毒有哪些误区？

（1）未发生疫病可以不进行消毒　在养殖中，有时虽无疫病发生，但外界环境仍存在传染源，传染源会释放病原体，病原体就会通过空气、饲料、饮水等途径入侵易感鸡，引起疫病发生。如果没有及时消毒、净化环境，环境中的病原体就会越积越多，达到一定程度时，就会引起疫病发生。因此，未发病地区的养殖场更应进行消毒，以防患于未然。

（2）消毒前不进行彻底清扫　养殖场存在大量的有机物，如粪便、饲料残渣、鸡体分泌物、体表脱落物以及污水和其他污染物，这些有机物中藏匿有大量病原微生物，它们会消耗或中和消毒剂的有效成分，严重降低消毒剂对病原微生物的作用浓度，所以说彻底清扫是有效消毒的前提。

（3）消毒后就不会再发生传染病　尽管进行了消毒，但不一定能达到彻底的消毒效果，这与选用的消毒剂品种、质量及消毒方法有关。在已经进行彻底、规范的消毒后，短时间内环境是很安全的，但许多病原体可以通过空气、野禽、老鼠等传播媒介传播，加上养殖动物自身不断污染环境，也会使环境中的各种病原大量繁殖。所以必须定时、定位、彻底、规范地消毒，同时结合有计划的免疫接种，才能做到不得病或少得病。

（4）消毒剂气味越浓消毒效果越好　消毒效果主要与消毒剂的杀菌能力、杀菌谱有关。好的消毒剂具有气味小、效果好的特点。气味浓、刺激性大的消毒剂对鸡群呼吸道、体表有一定的伤害，易引起呼吸道疾病。

（5）长期使用单一消毒剂　长期固定使用单一消毒剂，细菌、病毒可能对此消毒剂产生抗药性；同时不同消毒剂的杀菌谱宽窄不同，对不同致病菌的杀灭效果也不同，那些未被某种消毒剂杀灭的致病菌，可能会大量繁殖。因此最好几种不同类型的消毒剂轮换使用，或选用广谱消毒剂。

42. 什么是免疫接种？

免疫接种是指用人工方法，将有效的疫苗引入鸡体内，促进机体产生特异性免疫力，使其由易感变为不易感的一种疫病预防措施。有组织、有计划地进行免疫接种，是预防和控制动物传染病的重要措施之一。在一些病毒性传染病的防治措施中，免疫接种更具有关键性的作用。根据免疫接种进行的时机不同，可分为预防接种和紧急接种两大类。

43. 预防接种应注意哪些问题？

（1）预防接种应有周密的计划　为了做到预防接种有的放矢，应对当地各种传染病的发生和流行情况进行调查，弄清楚存在哪些传染病，在什么季节流行，再据此拟定全年的预防接种计划。如当地未发生某种传染病，也无从外地传播的可能，则不必接种此种传染病疫苗。预防接种前应对被接种的鸡群进行详细的检查和调查了解，特别要注意其健康状况、年龄及饲养条件等。体质健壮或饲养管理条件好的鸡群，接种后会产生很强的免疫力。反之，接种后产生的抵抗力就差些，还可能引起比较明显的接种反应。接种前应注意了解当地有无疫病流行。如发现疫情，则先安排对该病的紧急防疫。如无疫病流行，则按计划定期进行预防接种。疫苗接种后经过一段时间（10～20d），应检查免疫效果；尤其是改用新的免疫程序及疫苗接种时，更应重视免疫效果的检查。

（2）应注意预防接种的反应　如有不良反应或发病情况，应及时采取适当措施，并向有关部门报告。

（3）注意几种疫苗的联合使用　同一地区、同一季节，往往可能有两种或两种以上的疫病流行。一般认为，当同时给鸡群接种两种或两种以上的疫苗时，这些疫苗可分别刺激机体产生多种抗体。它们可能彼此无关，也可能彼此影响。这种影响可能是互相促进，有利于免疫力的产生；也可能是相互抑制，阻碍免疫力的产生。因此，必须考虑到各种疫苗的互相配合，以减少相互之间的干扰作用，保证免疫的效果。另外，动物机体对疫苗刺激的反应是有一定限度的。如果一次接种的疫苗种类过多，机体不能忍受过多刺激，不仅可能引起较剧烈的不良反应，而且可能减弱机体产生抗体的功能，甚至出现免疫麻痹，从而降低预防接种的效果。为了保证免疫效果，对当地流行最为严重的传染病，最好单独进行接种，以便产生较强的免疫力。从免疫学的角度考虑，一般来说，任何疫苗都是以单独使用时效果最好。因此，究竟哪些疫苗可以同时接种、哪些不可以同时接种，应慎重考虑，并以已有试验结果为依据。

（4）制订科学的免疫程序　一个地区、一个鸡场可能发生的传染病不止一种，因此鸡场往往需要多种疫苗来预防不同的疾病。用来预防这些传染病的疫苗的性质各不相同，免疫期长短不一。所以，为了达到理想的免疫效果，需要根据各方面情况，制订科学、合理的免疫程序。

44. 免疫失败的原因有哪些？

（1）疫苗因素

①疫苗本身的保护性能差或具有一定毒力。

②疫苗毒株与田间流行病毒毒株血清型或亚型不一致，或流行株的血清学特性发生了变化，如禽流感病毒等都有这种情况；或疫苗选择不当甚至用错疫苗；在疫病严重流行的地区，仅选用安全性好但免疫性差的疫苗品系。

③疫苗运输、保管不当，或疫苗稀释后未及时使用，造成疫苗失效或减效；或使用过期、变质的疫苗。

④不同种类疫苗之间的干扰作用。

（2）动物因素

①接种疫苗时，动物有较高的母源抗体，或前次免疫残留的抗体，对疫苗产生了免疫干扰。

②接种时，动物已处于潜伏感染状态或由接种人员及工具带入病原体。

③动物群中有免疫抑制性疾病存在，或有其他疫病存在，使免疫力暂时下降而导致发病。

（3）人为因素

①免疫接种工作不认真，如饮水免疫时，饮水器不足，疫苗稀释错误或稀释不均匀，接种剂量不足，接种有遗漏等。

②免疫接种途径或方法错误，如只能注射的灭活苗却采用饮水法接种。

③免疫接种前后使用了免疫抑制性药物，或在活菌苗免疫时使用了抗菌药物。

45. **如何防治鸡新城疫?**

鸡新城疫（ND）俗称鸡瘟，是由鸡新城疫病毒引起的鸡的一种高度接触性、急性、烈性传染病。常呈现败血症经过。主要特征是呼吸困难，下痢，神经机能紊乱，黏膜和浆膜出血。

（1）流行病学 各种鸡和各种年龄的鸡都能感染，幼鸡和中鸡更易感染。本病的主要传染源是病鸡和带毒鸡，其分泌物、粪便，以及被污染的饲料、饮水，非易感的野禽、外寄生虫、人畜等均可传播病原。传播途径主要是消化道和呼吸道，也可经损伤的皮肤、黏膜侵入体内。一年四季均可发生。在非免疫区或免疫低下的鸡群，一旦有速发型毒株侵入，可迅速传播，呈毁灭性流行，发病率和死亡率可达90%以上。在大中型养鸡场，鸡群有一定免疫力的情况下，鸡新城疫主要是以一种非典型的形式出现，应引起重视。

（2）临床症状 该病以呼吸道和消化道症状为主，表现为呼吸困难，咳嗽和气喘，有时可见头颈伸直，张口呼吸，食欲减少或死亡，排绿色水样稀粪，口流酸臭黏液，病鸡逐渐脱水消瘦，呈慢性散发性死亡。速发嗜肺脑型新城疫可致所有年龄鸡发生急性且通常是致死性疾病，以出现呼吸道和神经症状为特征。

（3）病理变化　剖检可见各处黏膜和浆膜出血，特别是腺胃乳头和贲门部出血。心包、气管、喉头、肠和肠系膜充血或出血。直肠和泄殖腔黏膜出血。消化道淋巴滤泡的肿大出血和溃疡是新城疫的一个突出特征。消化道出血病变主要分布于腺胃前部-食道移行部；腺胃后部-肌胃移行部；十二指肠起始部；十二指肠后段向前2～3cm处；小肠游离部前半部第一段下 1/3 处；小肠游离部前半部第二段上 1/3 处；梅尼厄氏憩室（卵黄蒂）附近；小肠游离部后半部第一段中间部分；回肠中部（两盲肠夹合部）；盲肠扁桃体，在左右回盲口各一处，呈枣核样隆起，出血（而不是充血），坏死。

（4）防治措施　新城疫的预防工作是一项综合性工程。饲养管理、防疫、消毒、免疫、治疗及监测 6 个环节缺一不可。不能单纯依赖疫苗来控制疾病。加强饲养管理和兽医卫生工作，注意饲料营养，减少应激，提高鸡群的整体健康水平；特别要强调全进全出和封闭式饲养制。严格防疫消毒制度，杜绝强毒污染和入侵。建立科学的适合于本场实际的免疫程序，充分考虑母源抗体水平，疫苗种类及毒力，最佳剂量和接种途径，鸡种和年龄。坚持定期免疫监测，随时调整免疫计划，使鸡群始终保持有效的抗体水平。

一旦发生非典型新城疫，应立即隔离和淘汰早期病鸡，全群紧急接种 3 倍剂量的新城疫 LaSota（Ⅳ系）活毒疫苗。对发病鸡群投服复合维生素和适当抗生素，可增加抵抗力，控制细菌感染。

参考免疫程序：肉仔鸡 7 日龄 LaSota 或 Clone - 30 弱毒苗滴鼻、点眼；24～26 日龄 LaSota 喷雾免疫或Ⅰ系苗肌内注射。或 7 日龄 LaSota 或 Clone - 30 弱毒苗点眼＋0.3mL 新城疫灭活苗皮下注射；15 日龄 LaSota 弱毒苗点眼，或喷雾，或 2 倍量饮水。

46. 如何防治鸡传染性支气管炎？

鸡传染性支气管炎是由传染性支气管炎病毒引起的鸡的一种急性高度接触性呼吸道传染病。其临诊特征是呼吸困难、发出啰音、咳嗽、张口呼吸、打喷嚏。如果病原不是肾病变型毒株或未出现并发病，死亡率一般很低。本病广泛流行于世界各地，是威胁养鸡业的重要疫病。

（1）流行病学　本病主要通过空气传播，也可以通过饲料、饮水、垫料等传播。饲养密度过大，鸡舍过热、过冷、通风不良等可诱发本病。发病季节多见于秋末至次年春末，但以冬季最为严重。

（2）临床症状　雏鸡无前驱症状，全群几乎同时突然发病。最初表现呼吸道症状，流鼻涕、流泪、鼻肿胀、咳嗽、打喷嚏、伸颈张口喘气。夜间听到明显嘶哑的叫声。随着病情发展，症状加重，缩头闭目、垂翅挤堆、食欲不振、饮欲增加，如治疗不及时，有个别死亡现象。

肾病变型多发于 20～50 日龄的幼鸡。感染肾病变型的传染性支气管炎毒株时，由于肾脏功能的损害，病鸡除有呼吸道症状外，还可发生肾炎和肠炎。肾型支气管炎的症状呈二相性：第一阶段有几天呼吸道症状，随后又有几天症状消失的"康复"阶段；第二阶段就开始排水样白色或绿色粪便，并含有大量尿酸盐。病鸡失水，表现虚弱嗜睡，鸡冠褪色或呈紫蓝色。肾病变型传染性支气管炎病程一般比呼吸器官型稍长（12～20d），死亡率也高（20%～30%）。

（3）病理变化　主要病变在呼吸道。鼻腔、气管、支气管内，可见有淡黄色半透明的浆液性、黏液性渗出物，病程稍长的变为干酪样物质并形成栓子。气囊可能混浊或含有干酪性渗出物。肾病变型支气管炎除呼吸器官病变外，还可见肾肿大、苍白，肾小管内尿酸盐沉积而扩张，肾呈花斑状，输尿管尿酸盐沉积而变粗。心脏、肝脏表面也有沉积的尿酸盐，似一层白霜。有时可见法氏囊有炎症和出血症状。

（4）防治措施　本病预防应考虑减少诱发因素，提高鸡只的免疫力。清洗和消毒鸡舍后，引进无传染性支气管炎疫情鸡场的鸡苗，做好雏鸡饲养管理，鸡舍注意通风换气，防止过于拥挤，注意保温，适当补充雏鸡日粮中的维生素和矿物质，制订合理的免疫程序。

鸡传染性支气管炎尚无有效的治疗方法，常用中西医结合的对

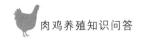

症疗法。由于实际生产中鸡群常并发细菌性疾病，采用一些抗菌药物（如强力霉素）配合麻杏石甘口服液有一定效果。对肾病变型传染性支气管炎病鸡，可投喂肾肿解毒药等药物，能起到一定的效果。

47. 如何防治禽流感？

鸡禽流感是由 A 型禽流感病毒引起鸡的一种急性热性传染病，各种日龄、品种的鸡均易感染，对养殖业造成极大威胁。

（1）流行病学　禽流感的传播途径非常广泛，可以通过水源、野禽等传染给家禽，又通过家禽的呼吸道、眼耳和伤口等侵入机体，其中最易感染的是呼吸道。禽流感的易感对象十分广泛，不管什么季节什么品种，任何年龄的鸡都有可能发病，但是该病主要发生于冬春温度较低季节，且母鸡多发，风量大的时候更加有利于病毒的传染。

（2）临床症状

①最急性型系由高致病性毒株所引起，常无明显症状，突然死亡。

②急性型是以呼吸系统症状为主症的类型，此型病鸡潜伏期较短，一般为 4～5d。常由中等致病性毒株所致，是目前发生禽流感时常见的一种病型。此型病鸡常见的症状为精神沉郁，体温急剧上升，食欲减退或消失，母鸡就巢性增强，产蛋量减少；伴有轻度至重度的呼吸道症状，病禽咳嗽、打喷嚏，气管有啰音，大量流泪。

③慢性型由中、低致病力的毒株引起，出现轻微的一过性呼吸道症状（不显性感染）。

（3）防治措施

①加强鸡舍的管理。不在有疫情或者是无疫苗检测的地方购种，控制外来车辆及人员，避免参观。如需参观，则应在入舍参观前进行全面消毒，并穿上无菌服入舍。

②切实做好养殖场的各项防疫工作。在生产中应尽量避免家禽

与野禽的密切接触，尤其是不要接触野鸭等。严格控制养殖密度，注意养殖场卫生状况，改善家禽养殖环境。

③保证饮水干净，及时处理鸡舍中的粪便。不能与其他家禽混养。定期对鸡舍进行消毒，必要时对鸡群全身喷洒药剂，将死鸡远离鸡舍进行烧毁或者深埋。

④及时封锁鸡舍，发病严重时应扑杀所有鸡，再集中进行处理，最好全部烧毁。病情在控制范围之内时，每天使用次氯酸钠等消毒剂对鸡进行消毒，连续喷洒1周左右，再隔离饲养一段时间观察。

48. 如何防治鸡传染性喉气管炎？

鸡传染性喉气管炎（ILT）是由鸡传染性喉气管炎病毒（ILTV）引起的一种急性、高度接触性传染病，主要侵害鸡上呼吸道，同时对眼睛、鼻窦、气囊和肺等组织产生影响。

（1）流行病学　传统认为，该病大多发生于成年鸡和产蛋鸡，雏鸡感染率较低。但是，近年来，1月龄内商品肉鸡发生ILT的病例不断攀升，呈现出新的发病和流行趋势。2018—2021年，山东临沂、潍坊、枣庄等地以及江苏连云港、徐州等地的规模化商品鸡场、蛋鸡场等陆续发生了一种以严重呼吸困难、咳血、气管黏膜出血和充血为主要症状的鸡病。主要危害20～50日龄的白羽商品肉鸡和地方品种鸡，以30～35日龄居多。白羽肉鸡的发病较多，且多数未经免疫。鸡群一旦感染，则传播速度较快，感染率80%以上，死亡率5%～30%，严重的死亡率可高达45%，几乎无药可治，严重影响鸡群的生产和经济效益。

（2）临床症状　典型症状为呼吸困难、气喘，咳出带血分泌物、眼结膜炎和眼睑肿胀等。除了ILT的典型症状外，还可以表现为温和型，如黏液性气管炎、鼻炎、眼结膜炎、眼流泪等轻微症状。

（3）病理变化　剖检可见喉部和气管黏膜肿胀、出血等。严重

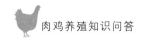

的病例死亡率可高达 40% 以上。

（4）防治措施

①发生过本病的地区和养殖场强化疫苗接种。疫苗是控制 ILT 发生最重要的技术手段。ILTV 弱毒活疫苗包括鸡胚来源疫苗（CEO）和组织来源疫苗（TCO），均属于中等毒力，存在一定的安全隐患。在 4～12 周龄（育成鸡）免疫接种效果最佳。但一般不能对 4 周龄以下的雏鸡接种，以免造成伤害。实际生产中，个别养殖者忽视上述常识，对 18 日龄商品肉鸡进行免疫接种，结果导致鸡群发病。比较而言，基因工程疫苗似乎更适合于商品肉鸡的免疫。

②重视生物安全。将鸡舍空舍时间延长至 10d 以上，加强空舍期间的卫生消毒；合理布局新鸡场，最大限度保持与蛋鸡场、麻鸡场等不同鸡场的生物安全距离；加强对外来车辆的管理，禁止外来车辆进入；加强对鸡场粪便及其污染物的处理。

49. 如何防治鸡传染性法氏囊病？

鸡传染性法氏囊病又称鸡传染性腔上囊病，是由传染性法氏囊病毒引起的一种急性、接触传染性疾病，以法氏囊发炎、坏死、萎缩和法氏囊内淋巴细胞严重受损为特征。该病引起鸡的免疫机能障碍，干扰各种疫苗的免疫效果。发病率高，几乎达 100%。死亡率低，一般为 5%～15%。该病是影响养禽业最重要的疾病之一。

（1）流行病学　自然条件下，本病只感染鸡，所有品种的鸡均可感染，但不同品种的鸡中，白来航鸡比重型品种的鸡敏感，肉鸡较蛋鸡敏感。本病仅发生于 2～15 周龄的小鸡，3～6 周龄为发病高峰期。病毒主要随病鸡粪便排出，污染饲料、饮水和环境，使同群鸡经消化道、呼吸道和眼结膜等感染；各种用具、人员及昆虫也可以携带病毒，扩散传播；本病还可经蛋传播。

（2）临床症状　雏鸡群突然大批发病，2～3d 内可波及 60%～

70％的鸡，发病后 3～4d 死亡达到高峰，7～8d 后死亡停止。病初精神沉郁，采食量减少，饮水增多，有些自啄肛门，排白色水样稀粪，重者脱水，卧地不起，极度虚弱，最后死亡。耐过雏鸡贫血消瘦，生长缓慢。

（3）病理变化　剖检可见法氏囊发生特征性病变，呈黄色胶冻样水肿、质硬、黏膜上覆盖有奶油色纤维素性渗出物。有时法氏囊黏膜严重发炎，出血，坏死，萎缩。另外，病死鸡表现脱水，腿和胸部肌肉常有出血，颜色暗红。肾肿胀，肾小管和输尿管充满白色尿酸盐。脾脏及腺胃和肌胃交界处黏膜出血。

（4）防治措施　加强管理，搞好卫生消毒工作，防止将病毒从外部带入鸡场，一旦发生本病，及时处理病鸡，进行彻底消毒。消毒可选用聚维酮碘等消毒剂喷洒。下批鸡进鸡前鸡舍用二氯异氰脲酸钠烟熏剂烟熏消毒，门前消毒池宜用复合酚溶液，每 2～3 周换一次，也可用癸甲溴铵溶液，每周换一次。

预防接种是预防鸡传染性法氏囊病的有效措施。其一，低毒力株弱毒活疫苗，用于无母源抗体的雏鸡早期免疫，对有母源抗体的鸡免疫效果较差。可点眼、滴鼻、肌内注射或饮水免疫。其二，中等毒力株弱毒活疫苗，供各种有母源抗体的鸡使用，可点眼、口服、注射。其三，灭活疫苗，使用时应与鸡传染性法氏囊病活苗配套。鸡传染性法氏囊病免疫效果受免疫方法、免疫时间、疫苗选择、母源抗体等因素的影响，其中母源抗体是非常重要的因素。有条件的鸡场应根据母源抗体水平的测定结果，制订相应的免疫程序。

治疗可用抗体注射，使用方法参照说明书。

50. 如何防治鸡安卡拉病？

肉鸡安卡拉病也称心包积水综合征，死亡率 20％～80％。

（1）流行病学　典型过程是肉鸡 3 周龄时出现死亡，4～5 周龄时有 4～8d 的死亡高峰，然后死亡率下降。病原为腺病毒，能在

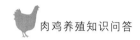

鸡群中水平传播，人似乎是很重要的媒介。

（2）临床症状　多表现为精神不振，羽毛蓬乱，采食下降，排黄绿色稀粪，有明显的呼吸道症状。

（3）病理变化　剖检可见心包腔内有淡黄色清亮的积液，肺水肿，肝脏肿胀和变色，肾脏肿大伴有肾小管扩张。心脏和肝脏出现多发性局灶性坏死。

（4）防治措施　目前尚无有效治疗方案，建议鸡舍加强通风，但同时要注意保温。临床上可试用清瘟败毒口服液＋复方阿莫西林治疗。

51. 如何防治鸡痘？

鸡痘是养鸡业较为常见的一种疾病。鸡群感染鸡痘后，生长发育迟缓，消瘦，产蛋量下降，淘汰率增高，另外还会引发其他疾病，引起鸡群大批死亡。

（1）临床症状

①皮肤型鸡痘。多发生在鸡冠、肉垂、眼睑、嘴角、眼圈、鼻孔等无毛部位，初期为灰白色小结节或红色小丘疹，接着变成绿豆大、黄色或灰黄色的结节样痘疹。

②黏膜型鸡痘。主要发生在眼结膜、气管、喉头、食道等部位，病鸡脸毛黑紫，烦躁不安，体弱消瘦，如果继发其他疾病死亡率很高。

③混合型鸡痘。皮肤和黏膜同时发生痘疹，主要表现为发热、严重腹泻、食欲不振、精神萎靡，鸡群中出现明显的怪叫和呼吸道症状。

（2）防治措施

①采用鸡痘活疫苗（鹌鹑化弱毒株）大剂量（5倍量以上）紧急接种，同时剔除并隔离病鸡，病鸡舍、放牧场和养殖器具要进行彻底的消毒。

②可剥除痂块，伤口处涂擦紫药水或碘酊。口腔、咽喉处可用

镊子除去假膜，涂敷碘甘油。眼部可把蓄积的干酪样物挤出，用
2％的硼酸液冲洗干净，再滴入 5％的蛋白银液。剥离下的假膜、
痘痂或干酪样物质应集中烧毁，严禁随意丢弃。

③可对病鸡灌服清瘟解毒片，大群鸡用 β-防御素或干扰素饮
水，连用 3～5d。

④饲料中可补充维生素 A（或复合多维）、鱼肝油等，有利于
组织和黏膜的新生，促进伤口愈合，同时可促进食欲，增强体质，
提高机体对病毒的抵抗力。

52. 如何防治鸡呼肠孤病毒感染？

呼肠孤病毒感染可引起鸡多种疾病，包括病毒性关节炎、矮小
综合征、呼吸道疾病、肠道疾病和吸收不良综合征。

（1）流行病学 疾病的表现很大程度上取决于鸡的年龄、病毒
的致病型和感染途径。鸡和火鸡是呼肠孤病毒引起的关节炎/腱鞘
炎的自然宿主。没有母源抗体的 1 日龄鸡很容易感染本病，如年龄
较大的鸡感染，则一般症状较轻且潜伏期较长。粪便污染是接触感
染的主要来源。鸡幼龄时感染，病毒在盲肠扁桃体和踝关节可持续
较长时间，意味着带毒鸡是感染的可能来源。禽呼肠孤病毒可以通
过蛋垂直传播，但传播率较低，约 1.7％。

（2）临床症状 急性感染时，可见跛行，有些鸡发育不良。慢
性感染跛行更显著，有一小部分病鸡的踝关节不能活动。有时可能
看不到关节炎/腱鞘炎的临诊症状，但在屠宰时可见趾屈肌腱区域
肿大。这样的鸡群增重慢，饲料转化率低，总死亡率高，屠宰废弃
率高，属于不明显感染。由呼肠孤病毒引起的吸收不良综合征，以
生长参差不齐、色素沉着差、羽毛发育不正常、骨骼变形和死亡率
增加为特征，主要侵害 1～3 周龄肉用型鸡。

（3）病理变化 病毒性关节炎和腱鞘炎的自然感染鸡可见到趾
屈肌和跖伸肌腱肿胀。踝关节常含有枯草色或带血色的渗出液，有
些病例有多量脓性渗出物。踝上滑膜常有出血点。腱区炎症发展为

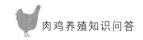

慢性时，腱鞘硬化并融合在一起。胫跗远端的关节软骨出现小的凹陷溃疡，溃疡增大后融合在一起并侵害到下面的骨组织。吸收不良综合征的主要病变是腺胃增大并可能有出血或坏死，卡他性肠炎，以及关节炎和骨质疏松。

（4）防治措施　禽呼肠孤病毒对环境的抵抗力强，既可垂直传播又可水平传播，这些特点使得消除该病毒对鸡群的感染十分困难。清理感染鸡群后，对鸡舍进行彻底清洗消毒有利于防止以后鸡群的感染。因为1日龄雏鸡对呼肠孤病毒最易感，而至2周龄时已开始建立抵抗力，所以疫苗接种的目标是提供早期保护。用活疫苗或灭活疫苗免疫种鸡是防控本病的有效方法，不仅可通过母源抗体保护1日龄仔鸡，而且对垂直传播有限制作用。如1日龄雏鸡接种疫苗，应注意有些疫苗毒株（如S1133）对同时接种的马立克氏病（MD）疫苗有干扰作用。

53. 如何防治鸡大肠杆菌病？

鸡大肠杆菌病是由大肠埃希氏菌引起的一种常见病，其特征是引起心包炎、肝周炎、气囊炎、腹膜炎、输卵管炎、滑膜炎、大肠杆菌性肉芽肿和脐炎等病变。

（1）流行病学　各种年龄的鸡（包括肉用仔鸡）都可感染大肠杆菌，发病率和死亡率受各种因素影响有所不同。不良的饲养管理、应激或并发其他疾病都可成为大肠杆菌病的诱因。雏鸡和青年鸡多呈急性败血症，而成年鸡多呈亚急性气囊炎和多发性浆膜炎。本病感染途径有经蛋传染、呼吸道传染、消化道传染。

（2）临床症状

①大肠杆菌败血症。6～10周龄的肉鸡多发，尤其在冬季发病率高，死淘率通常为5%～20%，严重的可达50%。雏鸡在夏季也较多发，病鸡精神不振，采食减少，衰弱和死亡。病鸡腹部膨满，排出黄绿色的稀便。特征性的病变是纤维素性心包炎，气囊混浊肥厚，有干酪样渗出物。肝包膜呈白色混浊，有纤维素性附着物，有

时可见白色坏死斑。脾充血肿胀。

②死胚、初生雏卵黄囊感染和脐带炎。种蛋内的大肠杆菌来自种鸡卵巢和输卵管及被粪便污染的蛋壳。侵入种蛋内的大肠杆菌在孵化过程中增殖，致使孵化率降低，胚胎在孵化后期死亡，死胚增多。孵出的雏鸡体弱，卵黄吸收不良，脐带炎，排出白色、黄绿色或泥土样的稀便。腹部膨满，出壳后 2～3d 死亡，一般 6 日龄后死亡率逐渐降低。存活下来的雏鸡发育迟滞。死胚和死亡雏鸡的卵黄膜变薄，呈黄泥水样或混有干酪样颗粒状物，脐部肿胀发炎。4 日龄以后感染的雏鸡常见心包炎，其中急性死亡的病雏几乎见不到病变。

③卵黄性腹膜炎及输卵管炎。腹膜炎可由气囊炎发展而来，也可由慢性输卵管炎引起。发生输卵管炎时，输卵管变薄，管内充满恶臭干酪样物，阻塞输卵管，使排出的卵落入腹腔而引发腹膜炎。

④出血性肠炎。大肠埃希氏菌正常只寄生在鸡的下部肠道中，但当饲养和管理失调，卫生条件不良，以及各种应激因素存在时，鸡的抵抗力就会降低，大肠杆菌会在上部肠道寄生，从而引起肠炎。病鸡羽毛粗乱，翅膀下垂，精神委顿，腹泻。雏鸡由于腹泻糊肛，容易与鸡白痢混淆。剖检病变，主要表现在肠道的上 1/3 至 1/2 处，肠黏膜充血、增厚，严重者血管破裂出血，形成出血性肠炎。

⑤其他器官受侵害的病变。大肠杆菌引起滑膜炎和关节炎，病鸡跛行或呈伏卧姿势，一个或多个腱鞘、关节肿大。发生大肠杆菌肉芽肿时，沿肠道和肝脏形成结节性肉芽肿，病变似结核。此外，大肠杆菌还可引起全眼球炎、脑炎等。

⑥慢性呼吸道综合征。鸡先感染支原体，造成呼吸道黏膜损害，后继发大肠杆菌感染。病早期，出现上呼吸道炎症，鼻、气管黏膜有湿性分泌物，有啰音、咳音。发展严重时，发生气囊炎、心包炎，有纤维素渗出；肝脏也被纤维素物质包围；肺部有肺炎，呈深黑色，硬化。

⑦皮下感染及头部肿胀。由于表皮损伤，大肠杆菌伺机侵入，

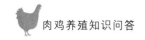

感染扩散到关节和骨部，引起这些部位的炎症。有一些病毒感染后，继发大肠杆菌急性感染，造成头部肿胀，即肿头综合征，双眼和整个头部肿胀，皮下有黄色液体及纤维素渗出，可从局部分离出大肠杆菌。

（3）防治措施

①预防。搞好环境卫生消毒工作，严格控制饲料、饮水的卫生和消毒，做好各种疫病的免疫。严禁饲养密度过大，做好舍内通风换气，定期进行带鸡消毒工作。避免种蛋沾染粪便，凡是被粪便污染的种蛋一律不能作种蛋孵化，对种蛋和孵化过程严格消毒。此外，定期为鸡群投喂乳酸菌等生物制剂对预防大肠杆菌有很好作用。

②治疗。大肠杆菌对多种抗生素、磺胺类和呋喃类药物敏感，但也容易对药物产生抗药性，最好进行药物敏感性试验，选用敏感药物进行治疗。

54. 如何防治鸡沙门氏菌病？

鸡沙门氏菌病是由沙门氏菌属的沙门氏菌引起的禽类急性或慢性疾病的总称。由鸡白痢沙门氏菌引起的称为鸡白痢，由鸡伤寒沙门氏菌引起的称为禽伤寒，由其他有鞭毛能运动的沙门氏菌引起的禽类疾病则统称为禽副伤寒。

（1）流行病学　鸡沙门氏菌病在世界各地普遍存在，对养鸡业的危害性很大。雏鸡易死亡，成年鸡易携带本菌，该病可垂直传播和水平传播。

（2）临床症状

①鸡白痢。表现精神委顿，绒毛松乱，两翅下垂，缩头颈，闭眼昏睡，不愿走动，拥挤在一起。病初，食欲减少，而后停食，多数出现软嗉囊症状，同时腹泻，排稀薄如白色糨糊状粪便，致肛门周围被粪便污染，有的因粪便干结封住肛门周围，诱发炎症引起疼痛，故常发出尖锐的叫声，最后因呼吸困难及心力衰竭而死亡。

②鸡伤寒。潜伏期一般为 4～5d。本病常发生于中鸡、成年鸡和火鸡。在年龄较大的鸡和成年鸡，急性经过者突然停食、精神委顿、排黄绿色稀粪、羽毛松乱、冠和肉髯苍白而皱缩。体温上升 1～3℃，病鸡可迅速死亡，但通常 5～10d 死亡。病死率在雏鸡与成年鸡有一定差异，一般为 10％～50％或更高些。雏鸡发病时，其症状与鸡白痢相似。

③鸡副伤寒。表现嗜睡呆立、垂头闭眼、两翅下垂、羽毛松乱、显著厌食、饮水增加、水样下痢、肛门沾有粪便，怕冷而靠近热源处或相互拥挤。病程 1～4d。雏鸭感染本病常见颤抖、喘息及眼睑肿胀等症状，常猝然倒地而死，故有"猝倒病"之称。

（3）防治措施

①预防措施。搞好环境卫生消毒工作，严格控制饲料、饮水的卫生和消毒，做好各种疫病的免疫。严禁饲养密度过大，做好舍内通风换气，定期进行带鸡消毒工作。避免种蛋沾染粪便，凡是被粪便污染的种蛋一律不能用作种蛋孵化，对种蛋和孵化过程严格消毒。

②治疗措施。目前尚无有效的免疫方法，种蛋可用菌毒威消毒，一定程度上能控制此病；沙门氏菌对多种抗菌药物，如磺胺类和呋喃类药物敏感，但也容易对药物产生抗药性，最好进行药物敏感性试验，选用敏感药物进行治疗。

55. 如何防治禽霍乱？

禽霍乱是一种侵害家禽和野禽的接触性疾病，又名禽巴氏杆菌病、禽出血性败血症。该病自然潜伏期一般 2～9d，常呈现败血性症状，发病率和死亡率很高，但也常出现慢性或良性经过。

（1）流行病学 本病对各种家禽，如鸡、鸭、鹅、火鸡等都有易感性，但鹅易感性较差，各种野禽也易感。禽霍乱造成鸡的死亡损失通常发生于产蛋鸡群，因这种年龄的鸡较幼龄鸡更为易感。16 周龄以下的鸡一般具有较强的抵抗力。但临床也曾发现 10 日龄发病的鸡群。自然感染鸡的死亡率通常是 0～20％或更高，经常发生

产蛋下降和持续性局部感染。断料、断水或突然改变饲料，都可增加鸡对禽霍乱的易感性。

禽霍乱如何传入鸡群，常常不能确定。慢性感染禽被认为是传染的主要来源。细菌经蛋传播很少发生。大多数家禽都可能是多杀性巴氏杆菌的带菌者，污染的笼子、饲槽等都可能传播病原。多杀性巴氏杆菌在禽群中主要是通过病禽口腔、鼻腔和眼结膜的分泌物传播，这些分泌物污染了环境，特别是饲料和饮水，从而造成巴氏杆菌的感染。粪便中很少含有活的多杀性巴氏杆菌。

（2）临床症状　自然感染的潜伏期一般为 2～9d，有时在引进病鸡后 48h 内也会突然暴发，人工感染通常在 24～48h 发病。由于家禽的机体抵抗力和病菌的致病力强弱不同，所表现的病状亦有差异。一般分为最急性、急性和慢性 3 种病型。

①最急性型。常见于流行初期，以产蛋高的鸡最常见。病鸡无前驱症状，晚间一切正常，吃得很饱，次日发病死在鸡舍内。

②急性型。此型最为常见，病鸡主要表现为精神沉郁，羽毛松乱，缩颈闭眼，头缩在翅下，不愿走动，离群呆立。病鸡常有腹泻，排出黄色、灰白色或绿色的稀粪。体温升高到 43～44℃，减食或不食，渴欲增加。呼吸困难，口、鼻分泌物增加。鸡冠和肉髯变青紫色，有的病鸡肉髯肿胀，有热痛感。产蛋鸡停止产蛋，最后发生衰竭，昏迷而死亡，病程短的约半天，长的 1～3d。

③慢性型。由急性不死病例转变而来，多见于流行后期。以慢性肺炎、慢性呼吸道炎和慢性胃肠炎较多见。病鸡鼻孔有黏性分泌物流出，鼻窦肿大，喉头积有分泌物而影响呼吸。经常腹泻。病鸡消瘦，精神委顿，冠苍白。有些病鸡一侧或两侧肉髯显著肿大，随后可能有脓性干酪样物质，或干结、坏死、脱落。有的病鸡有关节炎，常局限于脚或翼关节和腱鞘处，表现为关节肿大、疼痛、脚趾麻痹，因而发生跛行。病程可拖至 1 个月以上，生长发育和产蛋则长期不能恢复。

（3）病理变化

①最急性型。死亡的病鸡无明显病变，有时只能看见心外膜有

少许出血点。

②急性型。病变较为明显，病鸡的腹膜、皮下组织及腹部脂肪常见小出血点。心包变厚，心包内积有多量不透明淡黄色液体，有的含纤维素絮状液体，心外膜、心冠脂肪出血尤为明显。肺有充血或出血点。肝脏的病变具有特征性，肝稍肿，质变脆，呈棕色或黄棕色，表面散布有许多灰白色、针尖大的坏死点。脾脏一般不见明显变化，或稍微肿大，质地较柔软。肌胃出血显著，肠道尤其是十二指肠呈卡他性和出血性肠炎，肠内容物含有血液。

③慢性型。因侵害的器官不同而有差异。当呼吸道症状为主时，见到鼻腔和鼻窦内有多量黏性分泌物，某些病例见肺硬变。局限于关节炎和腱鞘炎的病例，主要见关节肿大变形，有炎性渗出物和干酪样坏死。公鸡的肉髯肿大，内有干酪样的渗出物。母鸡的卵巢明显出血，有时卵泡变性，似半煮熟样。

（4）防治措施　加强鸡群的饲养管理，平时严格执行鸡场兽医卫生防疫措施，以栋舍为单位采取全进全出的饲养制度，预防本病的发生是完全可能的。一般从未发生本病的鸡场不进行疫苗接种。鸡群发病应立即采取治疗措施，有条件的地方应通过药敏试验选择有效药物全群给药。磺胺类药物、红霉素、庆大霉素、环丙沙星、恩诺沙星等均有较好的疗效。在治疗过程中，剂量要足，疗程合理，当鸡只死亡明显减少后，再继续投药 2～3d，以巩固疗效，防止复发。

56. 如何防治鸡传染性鼻炎？

鸡传染性鼻炎是由副鸡嗜血杆菌所引起鸡的急性呼吸系统疾病。主要症状为鼻腔与窦发炎，流鼻涕，脸部肿胀和打喷嚏。

（1）流行病学　本病发生于各种年龄的鸡，老龄鸡感染较为严重。7 日龄雏鸡鼻腔内人工接种病菌常可发生本病，3～4 日龄的雏鸡则稍有抵抗力。4 周龄至 3 岁的鸡易感，但有个体的差异性。人工感染 4～8 周龄小鸡有 90% 出现典型的症状。13 周龄和大些的鸡

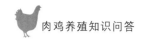

则 100% 感染。在较老的鸡中，潜伏期较短，病程长。病鸡及隐性带菌鸡是传染源，而慢性病鸡及隐性带菌鸡是鸡群中发生本病的重要原因。其传播途径主要以飞沫及尘埃经呼吸道传染，也可通过污染的饲料和饮水经消化道传染。

本病的发生与一些能使机体抵抗力下降的诱因密切相关。如鸡群拥挤，不同年龄的鸡混群饲养，通风不良，鸡舍内闷热，氨气浓度大，或鸡舍寒冷潮湿，机体缺乏维生素 A，受寄生虫侵袭等都能促使鸡群严重发病。鸡群接种禽痘疫苗引起的全身反应，也常常是传染性鼻炎的诱因。本病多发于秋冬两季，这可能与气候和饲养管理条件有关。

（2）临床症状　病的损害在鼻腔和鼻窦，发生炎症者常仅表现鼻腔流稀薄清液，一般不被注意。常见症状为鼻孔先流出清液，以后转为浆液黏性分泌物，有时打喷嚏。脸肿胀，眼发生结膜炎、眼睑肿胀。食欲及饮水减少，或有下痢，体重减轻。病鸡精神沉郁，脸部水肿，缩头，呆立。仔鸡生长不良，成年母鸡产卵减少；公鸡肉髯常见肿大。如炎症蔓延至下呼吸道，则呼吸困难，病鸡常摇头欲将呼吸道内的黏液排出，并有啰音。咽喉亦可积有分泌物的凝块，最后常窒息而死。

（3）病理变化　主要病变为鼻腔和窦黏膜呈急性卡他性炎，黏膜充血肿胀，表面覆有大量黏液，窦内有渗出物凝块，后成为干酪样坏死物。常见卡他性结膜炎，结膜充血肿胀。脸部及肉髯皮下水肿。严重时可见气管黏膜炎症，偶有肺炎及气囊炎。

（4）防治措施

①预防措施。鉴于本病发生常由于外界不良因素而诱发，因此平时养鸡场在饲养管理方面应注意以下几个方面：

鸡舍内氨气含量过大是发生本病的重要因素。特别是高代次的种鸡群，鸡群数量少，密度小，寒冷季节舍内温度低，为了保温，门窗关得太严，造成通风不良。为此，安装供暖设备和自动控制通风装置，可明显降低鸡舍内氨气的浓度。

寒冷季节气候干燥，舍内空气污浊，尘土飞扬。通过带鸡消毒清除空气中的粉尘，净化空气，可对防控本病起到积极作用。

饲料、饮水是造成本病传播的重要途径。加强饮水用具的清洗消毒和饮用水的消毒是预防本病的经常性措施。

人员流动是病原重要的机械携带者和传播者，鸡场工作人员应严格执行更衣、洗澡、换鞋等防疫制度。因工作需要而必须多个人员入舍时，工作结束后应立即进行带鸡消毒。

鸡舍尤其是病鸡舍是个大污染场所，因此必须十分注意鸡舍的清洗和消毒。对周转后的空闲鸡舍应严格执行以下规定："一清"，即彻底清除鸡舍内粪便和其他污物；"二冲"，清扫后的鸡舍用高压自来水彻底冲洗；"三烧"，冲洗后晾干的鸡舍用火焰消毒器喷烧鸡舍地面、底网、隔网、墙壁及残留杂物；"四喷"，火焰消毒后再用2％氢氧化钠溶液、0.3％过氧乙酸或2％次氯酸钠喷洒消毒；"五熏蒸"，完成上述四项工作后，用每立方米42mL福尔马林对鸡舍进行熏蒸消毒，鸡舍密闭24～48h，然后闲置2周。进鸡前采用同样方法再熏蒸一次。经检验合格后才可进入新鸡群。鸡舍外环境的消毒以及清除杂草、污物的工作也不容忽视。因此，综合防制是预防本病发生不可缺少的重要措施。

免疫接种。免疫接种是预防本病的另一个重要措施。一般在鸡只25～30日龄时进行首免，120日龄左右第二次免疫，可保护整个产蛋期。仅在中鸡时进行免疫，免疫期为6个月。

②治疗措施。副鸡嗜血杆菌对磺胺类药物非常敏感，是治疗本病的首选药物。

一般用复方新诺明或磺胺增效剂与其他磺胺类药物合用，或用2～3种磺胺类药物组成的联磺制剂均能取得较明显效果。如鸡群食欲下降，经饲料给药则血中药物达不到有效浓度，治疗效果差。此时采取注射抗生素的办法同样可取得满意效果。一般选用链霉素或青霉素、链霉素合并应用。红霉素、土霉素及喹诺酮类药物也是常用治疗药物。总之，磺胺类药物和抗生素均可用于治疗，但要注意给药方法并保证每天摄入足够的药物剂量。

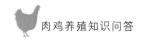

57. 如何防治鸡支原体病？

鸡支原体病是由鸡败血支原体引起的鸡接触性传染性慢性呼吸道病，只感染鸡与火鸡，发病慢、病程长。该病主要发生于 1～2 月龄雏鸡，在饲养量大、密度高的鸡场更容易发生流行。

（1）流行病学

①鸡败血支原体感染（鸡慢性呼吸道病）。鸡败血支原体的自然感染发生于鸡和火鸡，尤以 4～8 周龄雏鸡最易感且病死率较高。当成年鸡感染时，如无其他病原体继发感染，则多呈隐性经过，仅表现为产蛋量、孵化率下降和增重受阻等现象。纯种鸡比杂种鸡易感染。病鸡和隐性感染鸡是本病的传染源。当病鸡与健康鸡接触时，病原体通过飞沫或尘埃经呼吸道吸入而传染。此外，同一鸡舍中，病原体通过污染的器具、饲料、饮水等方式，也能由一个群传至另一个鸡群。但经蛋垂直传播常是此病代代相传的主要原因，在感染公鸡的精液中发现有病原体存在，因此人工授精也可能发生传染。

本病一年四季均可发生，但以寒冬及早春最严重，一般本病在鸡群中传播较为缓慢，但在新发病的鸡群中传播较快。一般发病率高，死亡率低。根据所处的环境因素不同，病的严重程度及病死率差异很大，一般死亡率 10%～30%。本病在鸡群中断续发生，时而加重，时而减轻，当鸡群同时受到其他病原微生物和寄生虫侵袭及能使鸡抵抗力降低的多种因素作用时，如气雾免疫、卫生不良、拥挤、营养不良、气候突变及寒冷，均可促使本病的暴发和复发，加剧病的严重性并使死亡率增高。反之，当气候稳定暖和，并采取各种措施增强鸡只的抵抗力，如通风良好及补充维生素 A 等，可降低其发病率，改善病程经过，减少死亡。

②传染性滑膜炎。本菌的自然宿主是鸡和火鸡。自然感染曾见于 6 日龄的鸡，但急性感染一般见于 4～16 周龄的鸡，偶见于成年鸡，在急性感染期后出现的慢性感染可持续达 5 年或更长。

慢性感染可见于任何年龄，在有些群慢性感染并不是先有急性感染的。

本病主要通过直接接触传播，也可通过呼吸道和种蛋传播，尽管种蛋的感染率很低，但孵出的病雏可以在雏鸡中造成很高的感染率。此外，还可通过空气、衣服、车辆、用具机械地远距离传播。通常感染率为100%。

鸡的发病率常因感染的途径、环境等因素而不等，一般为2%～75%，最常见为5%～15%，呼吸道感染通常无症状，可使高达90%～100%的鸡只被感染，但死亡率通常很低，为1%～10%。

（2）临床症状

①鸡败血支原体感染（鸡慢性呼吸道病）。主要呈慢性经过，病程1～4个月，有很多病例可呈轻型经过。典型症状主要发生于幼龄鸡中，若无并发症，发病初期，则为鼻腔及其邻近的黏膜发炎，病鸡出现浆液或浆液-黏液性鼻漏，打喷嚏，鼻窦炎，结膜炎及气囊炎。中期炎症由鼻腔蔓延到支气管，病鸡表现为咳嗽，有明显的湿性啰音。到了后期，炎症进一步发展到眶下窦等处时，由于该处蓄积的渗出物引起眼睑肿胀，向外突出如肿瘤，视觉减退，以至失明。在上述炎症的影响下，病鸡新陈代谢过程受到干扰和破坏，导致食欲减退，鸡体因缺乏营养而消瘦，雏鸡生长缓慢，产蛋量大大下降，一般为10%～40%，种蛋的孵化率降低10%～20%，弱雏增加10%。

②鸡传染性滑膜炎。接触感染后的潜伏期通常是11～21d。鸡发病初期的症状是冠色苍白，病鸡步态改变，表现轻微"八"字步，羽毛无光蓬松，好离群，发育不良，贫血，缩头闭眼。常见含有大量尿酸或尿酸盐的绿色排泄物。由于病情发展，病鸡表现明显"八"字步，跛行，喜卧，羽毛逆立，发育不良，生长迟缓，冠下塌，有些病例的冠呈蓝白色。关节周围常有肿胀，可达鸽卵大。常有胸部的水疱。跗关节及足掌是主要感染部位，但有些鸡偶见全身性感染而无明显关节肿胀。病鸡表现不安，脱水和消瘦。至发病后期，由于久病而关节变形，久卧不起，甚至不能行走，无法采食，

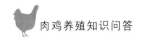

极度消瘦，虽然病已趋严重但病鸡仍可继续饮水和吃食。上述急性症状之后继以缓慢的恢复，但滑膜炎可持续5年之久。经呼吸道感染的鸡在4～6周时可表现轻度的呼吸啰音或者无症状。跛行是最明显的症状，呼吸道症状不常见。

（3）病理变化

①鸡败血支原体感染（鸡慢性呼吸道病）。病鸡的呼吸道、窦腔、气管和支气管发生卡他性炎症，渗出液增多。气囊壁增厚，不透明，囊内常有干酪样分泌物。在气囊疾病严重病例，可见纤维素性肝周炎和心包炎同大量的气囊炎一道发生。

②传染性滑膜炎。病初，病鸡的腱鞘和关节的滑膜囊内有黏稠、灰色至黄色的分泌物。肝、脾肿大；肾常肿大、苍白色，呈斑驳状。随着病情的发展，关节和腱鞘内的分泌物呈浓缩状（干酪样渗出物），同时关节面可能被染成黄色或橙黄色。

（4）防治措施

①预防措施。

其一，加强饲养管理。环境因素，决定着本病的发生以及疾病的严重程度。为了追求保温而忽视通风，鸡舍氨气及二氧化碳含量上升，会增加本病发生的机会。如果饲养员从外界进入鸡舍感到刺眼流泪，表明氨气的含量已经达到鸡群难以忍受的程度。新城疫气雾免疫有时会诱发本病，因此进行气雾免疫时应进行规范操作，主要是雾滴大小要适当。

其二，种蛋的消毒。种蛋收集进贮藏库之前用甲醛蒸气消毒，孵化前再进行如下处理。浸蛋法：将温度为37℃的孵化蛋浸于冷的（1.7～4.4℃）、浓度为400～1 000mg/L的泰乐菌素或红霉素溶液中，15～20min，取出晾干后孵化，由于温度的差异，抗生素可以通过蛋壳进入蛋内。蛋内接种：向5～7日龄鸡胚的卵黄内注射0.2mL泰乐菌素，含量为5mg。加热：将种蛋预热至45℃，保持12～14h，恢复至正常孵化温度，可杀死种蛋内的鸡败血支原体和滑膜囊支原体，但是孵化率可能降低8%～12%。

其三，免疫预防。目前尚无令人十分满意的预防用疫苗销售。

②治疗措施。

拌料：在第 1 周和第 3 周使用，全周用药。泰乐菌素，0.1%；红霉素，0.013%～0.025%；恩诺沙星，饮水 75mg/L（前 3d），50mg/L（后 3d）；强力霉素，0.01%～0.02%。

饮水：上述药物均可用于饮水，但用量减半。

以上药物对本病均有效，但建议首选泰乐菌素、红霉素及恩诺沙星。

58. 如何防治鸡坏死性肠炎？

坏死性肠炎又称肠毒血症，是由魏氏梭菌引起的急性传染病。该病在养鸡生产中发生较多，但由于养鸡户和部分临床兽医对该病认识不足，常造成误诊，耽误治疗时机，从而造成一些不必要的经济损失。

（1）流行病学　自然条件下仅见鸡发生本病，肉鸡、蛋鸡均可发生，尤以平养、育雏和育成鸡多发。肉用鸡发病多见于 2～8 周龄。一年四季均可发生，但在炎热潮湿的夏季多发。

该病的发生多有明显的诱因，如鸡群密度大，通风不良；饲料突然更换且饲料蛋白质含量低；在全价日粮中额外添加鱼粉、黄豆、小麦、动物油脂等高能量或高蛋白质原料；不合理使用药物添加剂；发生球虫病；环境中的产气荚膜梭菌超过正常数量；等等。该病多为散发，发病后鸡只的死亡率与诱发因素的强弱和治疗是否及时有效有直接关系，一般死亡率在 1% 以下，严重的可达 2% 以上，如有并发症或管理混乱则死亡明显增加。

（2）临床症状　有的排黄白色稀粪，有的排黄褐色糊状臭粪，有的排红色乃至黑褐色煤焦油样粪便，有的粪便混有血液和肠黏膜组织。食欲严重减退，减食可达 50% 以上。

（3）病理变化　急性暴发时，病死鸡呈严重脱水状态，刚病死鸡打开腹腔即可闻到尸腐臭味。主要病变集中在肠道，尤以中、后段较为明显。病死鸡以小肠后段黏膜坏死为特征。小肠显著肿大至

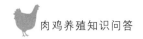

正常的2～3倍，肠管变短，肠道表面呈污灰黑色，肠壁变薄，肠腔内充盈着灰白色或黄白色脓样渗出物，黏膜呈严重纤维素性坏死。本病与小肠球虫合并感染时，除可见到上述病变外，在小肠浆膜表面还可见到大量针尖大小的出血点和灰白色小点，肠内充满黑红色脓样渗出物，黏膜呈现更为严重的坏死。

（4）防治措施　常用的抗生素有青霉素、泰乐菌素、利高霉素、卡那霉素、庆大霉素等。魏氏梭菌抗药性很强，所以要迅速治愈，以减少死亡和经济损失。最佳的做法应是采取综合防控措施，并按常规用药治疗，同时迅速采病料作细菌培养，进行药敏试验，在此基础上选用高敏药物进行治疗，只有这样，才能收到满意效果。由于鸡坏死性肠炎易与鸡球虫病合并感染，一般在治疗过程中可适当加入抗球虫药。

59. 如何防治鸡铜绿假单胞菌菌病？

铜绿假单胞菌，俗称绿脓杆菌。鸡绿脓杆菌病是由绿脓杆菌感染引起的雏鸡传染病，主要危害10日龄内的雏鸡，以腹泻、呼吸困难、皮下水肿为特征。本病近年来在各地时有发生，已成为威胁养鸡业发展的主要疾病之一。

（1）流行病学　该病主要危害雏鸡，发病多为1～35日龄，发病率和死亡率高低不一，有时高达50%。发病无明显季节性。绿脓杆菌广泛分布于土壤、水和空气中，并可在正常人、畜肠道及皮肤上发现，本菌通常多见于创伤感染，因此该病的发生与环境的污染及疫苗的注射有一定关系。

（2）临床症状　病鸡主要表现吃食减少，精神不振；不同程度下痢，粪便水样、呈淡黄绿色，严重病鸡粪中带血；腹部膨大，手压柔软，病鸡后期呈腹式呼吸；有的病鸡眼周围发生不同程度水肿，水肿部破裂流出液体，形成痂皮，眼全闭或半闭，流泪；颈部皮下水肿。严重病鸡两腿内侧部皮下也见水肿。

雏鸡绿脓杆菌性关节炎，病鸡表现跗关节和跖关节明显肿胀、微红，跛行，严重者不能站立，以跗关节着地。

（3）病理变化 病鸡颈部、脐部皮下呈黄绿色胶冻样浸润，肌肉有出血点或出血斑。内脏器官不同程度充血、出血。肝脏脆而肿大，呈土黄色，有淡灰黄色小点坏死灶。胆囊充盈。肾脏肿大，表面有散在出血小点。肺脏充血，有的见出血点。肺小叶炎性病变，呈紫红色或大理石样变化。心冠脂肪出血，并有胶冻样浸润，心内、外膜有出血斑点。腺胃黏膜脱落，肌胃黏膜有出血斑，易于剥离。肠黏膜充血、出血严重。脾肿大，有出血小点。气囊混浊、增厚。

（4）防治措施

①加强饲养管理，搞好卫生消毒工作。

②应用抗生素治疗，根据药敏试验结果选择用药。多数报道认为，绿脓杆菌对庆大霉素、多黏菌素、羧苄青霉素和磺胺嘧啶敏感，用于治疗本病有效。

③绿脓杆菌对多数抗菌药物极易产生耐药性，有必要开发研制生物制品。但至今尚未见有以高免血清或疫苗来防治该病的报道。

60. 如何防治鸡葡萄球菌病？

鸡葡萄球菌病是由金黄色葡萄球菌引起的雏鸡传染病，表现化脓性关节炎、皮炎，常呈急性败血症。

（1）流行病学

①金黄色葡萄球菌可侵害各种禽，尤其是鸡和火鸡。任何年龄的鸡甚至鸡胚都可感染。虽然4～6周龄的雏鸡极其敏感，但实际上40～60日龄的中雏鸡感染最为多见。

②金黄色葡萄球菌广泛分布在自然界的土壤、空气、水、饲料、物体表面，以及鸡的羽毛、皮肤、黏膜、肠道和粪便中。

③季节和品种对本病的发生无明显影响，平养和笼养都有发生，但以笼养为多。

④本病的主要传染途径是皮肤和黏膜的创伤，但也可能通过直

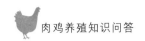

接接触和空气传播，雏鸡通过脐带感染也是常见的途径。

（2）临床症状　本病可以急性或慢性发作，这取决于侵入鸡体血液中的细菌数量、毒力和卫生状况。

①急性败血型。病鸡出现全身症状，精神不振或沉郁，不爱跑动，常呆立一处或蹲伏，两翅下垂，缩颈，眼半闭呈嗜睡状。羽毛蓬松零乱，无光泽。病鸡饮、食欲减退或废绝。少部分病鸡下痢，排出灰白色或黄绿色稀粪。特征症状：捉住病鸡检查时，可见胸腹部、嗉囊周围、大腿内侧皮下水肿，潴留数量不等的血样渗出液体，外观呈紫色或紫褐色，有波动感，局部羽毛脱落，或用手一摸即可脱掉。其中有的病鸡可见自然破溃，流出茶色或紫红色液体，与周围羽毛粘连，局部污秽。有部分病鸡在头颈、翅膀背侧及腹面、翅尖、尾、面部、背及腿等不同部位的皮肤出现大小不等的出血、炎性坏死，局部干燥结痂，暗紫色，无毛；早期病例，局部皮下湿润，暗紫红色，溶血，糜烂。以上表现是葡萄球菌病常见的症状，多发生于中雏，病鸡在2～5d死亡，快者1～2d呈急性死亡。

②关节炎型。病鸡可见到关节炎症状，多个关节炎性肿胀，特别是趾、跖关节肿大为多见，呈紫红或紫黑色，有的见破溃，并结成污黑色痂。有的出现趾瘤，脚底肿大，有的趾尖发生坏死，黑紫色，较干涩。发生关节炎的病鸡表现跛行，不喜站立和走动，多伏卧，一般仍有饮、食欲，多因采食困难，饥饱不匀，病鸡逐渐消瘦，最后衰弱死亡，大群饲养时尤为明显。此型病程多为十余天。有的病鸡趾端坏疽、干脱。如果发病鸡群有鸡痘流行，部分病鸡还可见到鸡痘的症状。

③脐炎型。是孵出不久的雏鸡发生脐炎的一种葡萄球菌病的病型，对雏鸡造成一定危害。由于某些原因，鸡胚及新出壳的雏鸡脐环闭合不全，葡萄球菌感染后，即可引起脐炎。病鸡除一般症状外，还可见腹部膨大，脐孔发炎肿大，局部呈黄红紫黑色，质稍硬，间有分泌物。饲养员常称为"大肚脐"。脐炎病鸡可在出壳后2～5d死亡。鉴于本病多归死亡，某些鸡场工作人员见"大肚脐"雏鸡后立即将其处死或烧掉，这是一个果断的做法。当然，其他细

菌也可以引起雏鸡脐炎。

④眼型。临诊表现为上下眼睑肿胀，闭眼，有脓性分泌物粘连，用手掰开时则见眼结膜红肿，眼内有多量分泌物，并见有肉芽肿。时间较久者，眼球下陷，后可见失明。有的见眼的眶下窦肿突。最后病鸡多因饥饿、被踩踏、衰竭死亡。眼型发病占总病鸡30%左右，占死亡20%左右。

（3）病理变化

①急性败血型。特征的肉眼变化是胸部的病变，可见死鸡胸部、前腹部羽毛稀少或脱毛，皮肤呈紫黑色水肿，有的自然破溃则局部沾污。剪开皮肤可见整个胸、腹部皮下充血、溶血，呈弥漫性紫红色或黑红色，积有大量胶冻样粉红色或黄红色水肿液，水肿可延至两腿内侧、后腹部，前达嗉囊周围，但以胸部为多。同时，胸腹部甚至腿内侧见有散在出血斑点或条纹，特别是胸骨柄处肌肉弥散性出血斑或出血条纹为重，病程久者还可见轻度坏死。肝脏肿大，淡紫红色，有花纹或斑驳样变化，小叶明显。在病程稍长的病例，肝上还可见数量不等的白色坏死点。脾亦见肿大，紫红色，病程稍长者也有白色坏死点。腹腔脂肪、肌胃浆膜等处，有时可见紫红色水肿或出血。心包积液，呈黄红色半透明。心冠状沟脂肪及心外膜偶见出血。有的病例还见肠炎变化。法氏囊无明显变化。在发病过程中，也有少数病例，无明显眼观病变，但可分离出病原。

②关节炎型。可见关节炎和滑膜炎。某些关节肿大，滑膜增厚，充血或出血，关节囊内有或多或少的浆液，或有浆性纤维素性渗出物。病程较长的慢性病例，后变成干酪样坏死，甚至关节周围结缔组织增生及畸形。

③脐炎型。幼雏以脐炎为主的病例，可见脐部肿大，紫红或紫黑色，有暗红色或黄红色液体，时间稍久则为脓样干固坏死物。肝有出血点。卵黄吸收不良，呈黄红或黑灰色，液体状或内混絮状物。病鸡体表不同部位见皮炎、坏死，甚至坏疽变化。如有鸡痘同时发生，则有相应的病变。

④眼型。眼型病例，眼内有多量分泌物，并见有肉芽肿。

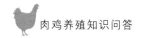

⑤肺型。肺部以淤血、水肿和肺实变为特征,甚至见到黑紫色坏疽样病变。

(4)防治措施

①预防措施。葡萄球菌病是一种环境性疾病,主要是做好经常性的预防工作。

防止发生外伤。创伤是引起发病的重要原因。因此,在鸡饲养过程中,尽量避免和消除使鸡发生外伤的诸多因素,如笼架结构要规范化,装备要配套、整齐,自行编造笼网时要细致,防止铁丝等尖锐物品引起皮肤损伤的发生,从而堵截葡萄球菌的侵入和感染门户。

做好皮肤外伤的消毒处理。在断喙、带翅号(或脚号)、剪趾及免疫刺种时,要做好消毒工作。除了发现外伤要及时处理外,还需针对可能发生的致病原因采取预防办法,如避免刺种免疫引起感染,可改为气雾免疫法或饮水免疫;鸡痘刺种时做好消毒;进行上述工作前后,采用添加药物进行预防;等等。

适时接种鸡痘疫苗,预防鸡痘发生。从实际观察中发现,鸡痘的发生常是鸡群发生葡萄球菌病的重要因素,因此,平时做好鸡痘免疫是十分重要的。

搞好鸡舍卫生及消毒工作。做好鸡舍、用具、环境的清洁卫生及消毒工作,对减少环境中的含菌量,消除传染源,降低感染机会,防止本病的发生有十分重要的意义。

加强饲养管理。喂给必需的营养物质,特别要供给足够维生素和矿物质;禽舍内要适时通风、保持干燥;鸡群不宜过大,避免拥挤;有适当的光照;适时断喙,防止发生互啄,并使鸡只有较强的体质和抗病力。

做好孵化过程的卫生及消毒工作。要注意种蛋、孵化器及孵化全过程的清洁卫生及消毒工作,防止工作人员(特别是雌雄鉴别人员)污染葡萄球菌,引起雏鸡感染或发病,甚至散播疫病。

预防接种。发病较多的鸡场,为了控制该病的发生和蔓延,可用葡萄球菌多价苗给 20 日龄左右的雏鸡注射。

②治疗措施。一旦鸡群发病，要立即全群给药治疗。一般可使用以下药物治疗。

庆大霉素。如果发病鸡数不多，可用硫酸庆大霉素针剂，按每只鸡每千克体重 3 000～5 000U 肌内注射，2 次/d，连用 3d。

卡那霉素。硫酸卡那霉素针剂，按每只鸡每千克体重 1 000～1 500U 肌内注射，2 次/d，连用 3d。

以上两种药治疗效果较好，但也有缺点：要抓鸡，费工费时，对鸡群也有惊动和应激。如果用片剂内服，效果不好，因本品内服吸收较少，加之病鸡吃料、饮水较少，口服难以达到治疗目的。

红霉素。按 0.01%～0.02% 药量加入饲料中喂服，连续 3d。

土霉素、四环素、金霉素。按 0.2% 的比例加入饲料中喂服，连用 3～5d。

链霉素。成年鸡按每只 10 万 U 肌内注射，2 次/d，连用 3～5d。或按 0.1%～0.2% 浓度饮水。

磺胺类药物。磺胺嘧啶、磺胺二甲基嘧啶，按 0.5% 比例加入饲料喂服，连用 3～5d；或用其钠盐，按 0.1%～0.2% 浓度溶于水中，饮用 2～3d。磺胺-5-甲氧嘧啶或磺胺-6-甲氧嘧啶按 0.3%～0.5% 浓度拌料，喂服 3～5d。0.1% 磺胺喹噁啉拌料喂服 3～5d。或用磺胺增效剂（TMP）与磺胺类药物按 1∶5 混合，以 0.02% 浓度混料喂服，连用 3～5d。

中药方剂。黄芩、黄连、焦大黄、板蓝根、茜草、大蓟、建曲、甘草各等份，混合粉碎，每只鸡口服 2g，1 次/d，连服 3d。

61. 如何防治鸡曲霉菌病？

鸡曲霉菌病多发生于 3 周龄以下雏鸡。临床上主要表现为严重的呼吸困难，张口喘气，呼吸无啰音，很少采食，急性暴发时死亡率可达 50%，曲霉菌侵入眼部时眼皮下蓄有豆渣样物质，眼皮鼓起，角膜溃疡，像"白眼珠"。剖检可见肺部和气管变为黑紫、灰

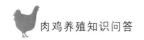

白色，质地变硬，切面坏死，气囊混浊，有霉菌结节。

（1）流行病学　曲霉菌的孢子广泛存在于自然界，如土壤、草、饲料、谷物、养禽环境、动物体表等都可存在。霉菌孢子还可借助空气流动而散播到较远地方，在适宜的环境条件下，可大量生长繁殖，污染环境，引起传染。

曲霉菌可引起多种禽类发病，鸡、鸭、鹅、鸽、火鸡及多种鸟类（水禽、野鸟、动物园的观赏禽等）均有易感性，以幼禽易感性最高，特别是 20 日龄以内的雏禽常呈急性暴发和群发，而成年家禽常只是散发。出壳后的雏禽在进入被曲霉菌严重污染的育雏室或被装入受污染的席篓或装雏器而感染，48～72h 后即可开始发病和死亡。本病在 4～9 日龄雏禽中流行最广，以后发病逐渐减少，至 2～3 周龄时基本停止。

本病的主要传染媒介是被曲霉菌污染的垫料和发霉的饲料，在适宜的湿度和温度下，曲霉菌大量繁殖，引起传播的主要途径是霉菌孢子被吸入呼吸道而感染。发霉饲料亦可经消化道感染。

孵化环境受到严重污染时，霉菌孢子容易穿过蛋壳感染胚胎并导致其死亡，或者雏禽出壳后不久即出现症状，也可在孵化环境经呼吸道感染而发病。

饲养管理及卫生条件不良是引起本病暴发的主要诱因。在梅雨季节，由于湿度和温度比较高，适合霉菌的生长繁殖，垫料和饲料很容易发霉。育雏室内日温差大，通风换气不好，雏禽数量多过分拥挤，阴暗潮湿以及营养不良等因素都能促进曲霉菌病的发生。同样，孵化环境阴暗、潮湿、发霉，甚至孵化器发霉等，都可能使种蛋污染霉菌，引起胚胎感染，出现死亡，导致孵出不久的幼雏出现症状；或者，在这样污秽的环境中，幼雏通过呼吸道吸入曲霉菌的孢子而感染发病。

主要发病因素：

①气候因素。如果玉米收割前后遇到阴雨天气，可能导致发生霉变。

②人为因素。养殖户为节约成本，对霉变的原料不加处理或稍

加处理便直接饲喂，造成霉菌中毒。

③卫生因素。忽视水槽、食槽的清洗与消毒；食槽中料未吃完又添加新料；雏鸡进舍前未消毒；存放饲料的料房没有防鼠、防潮设施；重治疗轻预防。

（2）临床症状

①急性型。表现为病鸡精神沉郁，多伏卧，食欲减退，对外界刺激反应淡漠，常有眼炎。如病程稍长，则呼吸困难，冠和肉髯发绀，个别可见麻痹、共济失调等神经症状。雏鸡的眼睛常被感染，可见瞬膜下形成黄色干酪样的小球状物，以致眼睑突出；日龄较大的雏鸡，角膜中央形成溃疡。急性者常在出现症状后 $2\sim3h$ 死亡，$1\sim4$ 周龄的雏鸡常会出现大群死亡，死亡率一般为 $5\%\sim50\%$。

②慢性型。表现为精神沉郁，羽毛松乱，两翅下垂，食欲减退，进行性消瘦，呼吸困难，皮肤、黏膜发绀，常有腹泻，有的鸡还伴有嗉囊积液、口腔分泌物增多，个别病例可见颈部扭曲等神经症状。病程一般为 $3\sim7d$，少数慢性病例可至 2 周以上，如不及时诊治，能耐过者甚少。

（3）病理变化　鸡曲霉菌病病理变化因不同菌株、不同品种、病情严重程度和病程长短有差异，一般而言，主要见于肺和气囊的变化。

①肺。在肺脏上出现典型的霉菌结节，从粟粒到小米粒、绿豆大小不等，结节呈灰白色、黄白色或淡黄色，散在或均匀地分布在整个肺脏组织，结节被暗红色浸润带所包围，稍柔软，切开时内容物呈干酪样，似有层状结构，有少数可互相融合成稍大的团块。肺的其余部分则正常。肺上有多个结节时，可使肺组织质地变硬，弹性消失。时间较长时，可形成钙化的结节。

②气囊。最初可见气囊壁点状或局灶性混浊，后气囊膜混浊、变厚，或见炎性渗出物覆盖；气囊膜上有数量和大小不一的霉菌结节，有时可见较肥厚隆起的霉菌斑。曾有报道，气囊上的菌斑约花生米大小，呈圆形、隆起，中心稍凹陷似碟状，呈烟绿色或深褐

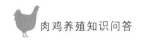

色，用手拨动时，可见粉状物飞扬。

③其他。腹腔浆膜上的霉菌结节或霉菌斑与气囊上所见大致相似。其他，如皮下、肌肉、气管、支气管、消化道、心脏等内脏器官、神经系统也可能见到某些病变。

（4）防治措施

①预防措施。

其一，加强饲养管理。及时清扫鸡舍内外的粪污。定期用3%氢氧化钠、5%来苏儿、0.5%过氧乙酸等对鸡舍地面墙角等进行消毒，用0.2%～0.3%过氧乙酸、碘伏、百毒杀等消毒剂带鸡喷雾消毒；控制好育雏舍温度和饲养密度，并随着雏鸡日龄的增大逐步降低温度；加强通风换气，以减少育雏舍空气中的霉菌孢子数量。为保持鸡舍干燥卫生，垫草在使用前用硫酸铜进行喷洒消毒并晾晒干燥，并且要定期翻晒和更换，防止霉变。

其二，加强饲料管理。严把饲料原料收购质量关，加强原料及饲料的保管工作，随时对饲料库房的湿度、通风等进行检查。一旦饲料受潮霉变则禁止饲喂，必须保证给鸡只饲喂优质饲料。

其三，加强孵化室管理。及时对种蛋进行清洁和消毒，认真执行孵化室消毒制度，对孵化室内外等进行严格消毒，严禁其他无关工作人员出入孵化室。

其四，坚持全进全出的饲养制度。每批鸡从育雏开始，严禁中途补充其他日龄鸡一起混养，必须做到全进全出。出栏后，对鸡舍及时清扫，然后每立方米用甲醛28mL和高锰酸钾14g进行熏蒸消毒，隔天后再用0.3%过氧乙酸对鸡舍内外进行认真消毒，空置数日后再进新雏饲养。

②治疗措施。

其一，中药方剂。100只成年鸡用量：金银花30g，鱼腥草20g，芦根（芦苇根）30g，冬瓜仁15g，薏苡仁10g，桔梗10g，黄芩10g，柴胡10g，竹叶10g，桃仁10g，川贝6g，甘草3g，青蒿10g。1剂/d，连用7d。另在饮水中加入0.1%（0.05%）高锰酸钾。一般用药3d后病鸡停止死亡，1周后痊愈。

其二，口服碘化钾溶液。每升饮水中加入 5～10g 碘化钾，连用 3～5d。全群用 1∶2 000 硫酸铜溶液饮水，连用 3～5d；制霉菌素 100 万 U/kg，拌料，连用 7d；克霉唑 0.01g/只，拌料，连用 5d。同时在饲料中添加复合维生素 B、蛋氨酸，促进毒素排出和代谢，添加维生素 A、维生素 C、维生素 E 缓解霉菌毒素对机体细胞的毒性作用。

其三，清扫室内。育雏前清扫室内天棚、墙壁、地面，并用 5％来苏儿消毒，24h 后再用 5％石炭酸溶液消毒。饲槽、饮水器等用具洗净并煮沸消毒。不喂发霉饲料，不用发霉垫草。育雏期间注意保温，每天室内温差不可过大，合理通风，并逐步合理降温，防尘防潮。育雏时要特别注意防止垫草和饲料霉变，并注重日常消毒。做好饲料或饲料原料的储存，保持干燥、通风，饲料放置要用木板架起，离墙要有一定距离。种鸡场要做好种鸡和孵化场的防霉工作，加强孵化卫生管理，防止霉菌通过种蛋或孵化器传播给雏鸡。如种蛋污染霉菌，雏鸡出壳后会发生肌胃溃烂病变，雏鸡抵抗力差、生长缓慢，导致死亡率无端增加。发现病雏应及时淘汰。

62. 如何防治鸡球虫病？

鸡球虫病是由一种或多种球虫引起的急性流行性寄生虫病，在鸡群中常见且危害十分严重，15～50 日龄鸡的发病率和致死率可高达 80％。病愈的雏鸡生长受阻，增重缓慢；成年鸡一般不发病，但为带虫者，增重和产蛋能力降低，是传播球虫病的重要病源。

（1）流行病学 各品种鸡均有易感性，15～50 日龄鸡的发病率和致死率都较高，成年鸡对球虫有一定的抵抗力。病鸡是主要传染源，凡被带虫鸡污染过的饲料、饮水、土壤和用具等，都有卵囊存在。鸡感染球虫的途径主要是采食了感染性卵囊。人及其衣服、用具等，以及某些昆虫都可成为机械传播者。

饲养管理条件不良，鸡舍潮湿、拥挤，卫生条件恶劣时，最易

发病。在潮湿多雨、气温较高的梅雨季节易暴发球虫病。

球虫孢子化卵囊对外界环境及常用消毒剂有极强的抵抗力，不易被一般的消毒剂破坏，在土壤中可保持生活力达 4～9 个月，在有树荫的地方可达 15～18 个月。但鸡球虫未孢子化卵囊对高温及干燥环境抵抗力较弱，36℃即可影响球虫卵囊孢子化率，40℃环境中卵囊停止发育，在 65℃ 高温作用下，几秒钟卵囊即全部死亡；湿度对球虫卵囊孢子化的影响也极大，干燥室温环境下放置 1d，即可使球虫丧失孢子化的能力，从而失去传染能力。

（2）临床症状　病鸡精神沉郁，羽毛蓬松，头蜷缩，食欲减退，嗉囊内充满液体，鸡冠和可视黏膜苍白、贫血，逐渐消瘦，病鸡常排胡萝卜样红色粪便。若感染柔嫩艾美耳球虫，开始时粪便为咖啡色，以后变为完全的血粪，如不及时采取措施，致死率可达 50% 以上。若多种球虫混合感染，粪便中带血液，并含有大量脱落的肠黏膜。

①急性球虫病。精神、食欲不振，饮欲增加；被毛粗乱；腹泻，粪便常带血；贫血，可视黏膜、鸡冠、肉垂苍白；脱水，皮肤皱缩；生产性能下降；严重的可引起死亡，死亡率可达 80%，一般为 20%～30%。恢复者生长缓慢。

②慢性球虫病。见于少量球虫感染，以及致病力不强的球虫感染（如堆型、巨型艾美耳球虫）。腹泻，但多不带血。生产性能下降，对其他疾病易感性增强。

（3）病理变化　病鸡消瘦，鸡冠与黏膜苍白，内脏变化主要发生在肠管，病变部位和程度与球虫的种别有关。

①柔嫩艾美耳球虫。主要侵害盲肠，两支盲肠显著肿大，可为正常的 3～5 倍，肠腔中充满凝固的或新鲜的暗红色血液，盲肠上皮变厚，有严重的糜烂。

②毒害艾美耳球虫。损害小肠中段，使肠壁扩张、增厚，有严重的坏死。在裂殖体繁殖的部位，有明显的淡白色斑点，黏膜上有许多小出血点。肠管中有凝固的血液或有胡萝卜色胶冻状的内容物。

③巨型艾美耳球虫。损害小肠中段，可使肠管扩张，肠壁增厚；内容物黏稠，呈淡灰色、淡褐色或淡红色。

④堆型艾美耳球虫。多在上皮表层发育，并且同一发育阶段的虫体常聚集在一起，在被损害的肠段出现大量淡白色斑点。

⑤哈氏艾美耳球虫。损害小肠前段，肠壁上出现大头针尖大小的出血点，黏膜有严重的出血。

若多种球虫混合感染，则肠管粗大，肠黏膜上有大量的出血点，肠管中有大量带有脱落的肠上皮细胞的紫黑色血液。

（4）防治措施

①加强饲养管理。成年鸡与雏鸡分开喂养，以免带虫的成年鸡散播病原导致雏鸡暴发球虫病。保持鸡舍干燥、通风和鸡场卫生，定期清除粪便，堆放发酵以杀灭卵囊。保持饲料、饮水清洁，笼具、料槽、水槽定期消毒，一般每周一次，可用沸水、热蒸汽或 $3\% \sim 5\%$ 热碱水等处理。用 $1 : 200$ 的复合酚溶液消毒鸡场及运动场，均对球虫卵囊有强大杀灭作用。每千克日粮中添加 $0.25 \sim 0.5mg$ 硒可增强鸡对球虫的抵抗力。补充足够的维生素 K 和给予 $3 \sim 7$ 倍推荐量的维生素 A 可加速鸡患球虫病后的康复。

②免疫预防。据报道，给鸡免疫接种鸡胚传代致弱的虫株或早熟选育的致弱虫株，可对球虫病产生较好的预防效果。有关球虫疫苗的保存、运输、免疫时机、免疫剂量及免疫保护性和疫苗安全性等诸多问题，均有待进一步研究。

③药物防治。迄今为止，国内外对鸡球虫病的防治主要是依靠药物。使用的药物有化学合成的和抗生素两大类。

常用预防药物有以下几种。

氨丙啉：可混饲或饮水给药。混饲预防浓度为 $100 \sim 125mg/kg$，连用 $2 \sim 4$ 周；治疗浓度为 $250mg/kg$，连用 $1 \sim 2$ 周，然后减半，连用 $2 \sim 4$ 周。应用本药期间，应控制每千克饲料中维生素 B_1 的含量不超过 10mg。

地克珠利：预防按 1×10^{-6} 浓度混饲连用。

常用治疗药物有以下几种。

妥曲珠利溶液：治疗用药，按说明书使用，1 次/d，连用 2~3d。

磺胺类药：用于治疗已发生感染的鸡，效果优于其他药物，故常用于球虫病的治疗。以下为常用的磺胺药（注意出口商品肉鸡禁止使用磺胺药）。

复方磺胺-5-甲氧嘧啶（SMD-TMP），按 0.03% 拌料，连用 5~7d。

磺胺喹噁啉（SQ），预防按 150~250mg/kg 浓度混饲或按 50~100mg/kg 浓度饮水。

磺胺氯吡嗪（Esb3），以 600~1 000mg/kg 浓度混饲或 300~400mg/kg 浓度饮水，连用 3d。

63. 如何防治鸡痛风？

鸡痛风是一种蛋白质代谢障碍引起的高尿酸血症。其病理特征为血液尿酸水平增高，尿酸盐在关节囊、关节软骨、内脏、肾小管及输尿管中沉积。临诊表现为运动迟缓，腿、翅关节肿胀，厌食、衰弱和腹泻。本病主要见于鸡、火鸡、水禽，鸽偶见。

（1）病因　该病的确切原因目前还不明了。过高的核蛋白饲料对痛风的发生起一定的作用。但健康的家禽，即使大量食用高蛋白的饲料也并没有发生痛风。在圈舍潮湿、缺乏维生素（尤其是维生素 A）、肾脏机能不全的条件下易发生严重的内脏痛风，后经降低饲料中的蛋白质水平并给予充分的饮水和维生素，即很快好转。

①大量饲喂富含核蛋白和嘌呤碱的蛋白质饲料。如动物内脏（肝、脑、肾、胸腺、胰腺）、肉屑、鱼粉、大豆、豌豆等。

②饲料中含钙或镁过高。如有的养殖专业户用蛋鸡料喂肉鸡，引起痛风；有的补充矿物质用石灰石粉，也引起痛风，这是由于含镁量过高，病禽血清经化验分析，每 100mL 中含钙 8~11mg、无机磷 6~11mg，而镁 4~12mg（正常为 1.8~3mg）。

③日粮中长期缺乏维生素 A，可发生痛风性肾炎，病鸡呈现明

显的痛风症状。若是种鸡患有痛风，所产的蛋孵化出的雏鸡往往易患痛风，在 20 日龄时即出现病症，而一般鸡患痛风是在 110～120 日龄开始出现症状。

④肾功能不全。凡是能引起肾功能不全（肾炎等肾病）的因素皆可使尿酸排泄发生障碍，导致痛风。如磺胺类药物中毒，会引起肾损害和结晶的沉淀；慢性铅、石炭酸、升汞、草酸、霉玉米等中毒，家禽患肾病变型传染性支气管炎、传染性法氏囊病、禽腺病毒鸡包涵体肝炎和鸡产蛋下降综合征-76（EDS-76）等传染病，鸡白痢、球虫病、盲肠肝炎、淋巴性白血病、单核细胞增多症等疾病，以及长期消化紊乱等，都可能继发或并发痛风。

⑤饲养在潮湿和阴暗的畜舍、饲养密度较大、运动不足、日粮中维生素缺乏和衰老等因素皆可能成为促进本病发生的诱因。另外，遗传因素也是致病原因之一，如新汉普夏鸡就有关节痛风的遗传因子。

综上所述，家禽痛风发生的原因尚不完全清楚，以上分析及发病机制仅供参考，有必要深入研究。

（2）临床症状　本病多呈慢性经过，其临诊症状表现归纳如下。

①一般症状。病禽食欲减退，逐渐消瘦，冠苍白，不自主地排出白色半黏液状稀粪，含有多量的尿酸盐。血液中尿酸水平持久增高至每 100mL 中 15mg 以上，注意不可单凭此为诊断依据。有研究发现，个别正常鸡的尿酸水平最高阶段可达每 100mL 中 40mg，以后转到正常范围，而正常范围的区间差异很大。成年母鸡产蛋量减少或停止。

②内脏型痛风。比较多见，但临诊上通常不易被发现。主要呈现营养障碍、腹泻和血液中尿酸水平增高。此特征颇似家禽单核细胞增多症。

③关节型痛风。多在趾前关节、趾关节发病，也可侵害腕前、腕及肘关节。关节肿胀，起初软而痛，界限多不明显，以后肿胀部逐渐变硬，微痛，形成不能移动或稍能移动的结节，结节有豌豆大

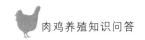

或蚕豆大小。病程稍久，结节软化或破裂，排出灰黄色干酪样物，局部形成出血性溃疡。病禽往往呈蹲坐或独肢站立姿势，行动迟缓，跛行。也有本病的一般全身症状。

（3）病理变化

①内脏型痛风。死后剖检的主要病理变化为胸膜、腹膜、肺、心包、肝、脾、肾、肠及肠系膜的表面散布许多石灰样的白色尖屑状或絮状物质，此为尿酸钠结晶。有些病例还并发有关节型痛风。

②关节型痛风。剖检时切开肿胀关节，可流出浓厚、白色黏稠的液体，滑液含有大量由尿酸、尿酸铵、尿酸钙形成的结晶，沉着物常常形成"痛风石"。

根据病因、病史、特征性症状和病理变化即可作出诊断鉴别，必要时采病禽血液检测尿酸含量，以及采取肿胀关节的内容物进行化学检查，呈紫脲酸铵阳性反应，显微镜观察见到细针状和禾束状尿酸钠结晶或放射形尿酸钠结晶，即可确诊。

（4）防治措施　目前尚无特别有效的治疗方法，针对具体病因采取切实可行的措施，可收到良好的效果。否则，仅采用手术摘除关节沉积的尿酸盐"痛风石"等对症疗法难以根除痛风。

本病必须以预防为主，采取积极改善饲养管理、减少富含核蛋白日粮、改变饲料配合比例、供给富含维生素 A 的饲料等措施，可防止本病发生或降低本病的发病率。

在饲养管理上要注意蛋白质（尤其是动物性蛋白质）适量，补充维生素（特别是维生素 A），给予充足的饮水。不要长期或过量使用对肾脏有损害的抗菌药物。

发病后，可采用肾肿解毒药物饮水 3～5d，治疗期间加饮 5% 葡萄糖效果更好。

64. 如何防治鸡黄曲霉素中毒？

禽黄曲霉素中毒是由饲喂黄曲霉素超标的饲料或家禽误食含黄曲霉素的食物引起。

（1）发病原因　由饲喂黄曲霉素超标的饲料引起。夏末秋初，由于气温高、雨水频繁，家禽饲料极易发霉变质。饲料发霉变质后，不仅营养成分被严重破坏，一些霉菌的代谢产物还易导致家禽中毒，尤其是黄曲霉菌产生的黄曲霉素会影响家禽的生长发育和生产性能，重者会导致家禽大批死亡。因此，在夏秋季节，家禽养殖场（户）务必提高警惕，以免发生家禽黄曲霉素中毒。在温暖潮湿条件下，黄曲霉素很容易在谷物中生长繁殖并产生毒素。饲喂发霉的饲料，常常引起黄曲霉素中毒。雏鸡的敏感性最高，中毒后可造成大批死亡。

（2）临床症状　以神经衰弱、颈部肌肉痉挛、慢性中毒时肝肿大为主要症状，常导致家禽废食、下痢、皮肤苍白或黄疸、生产力下降，甚至衰竭死亡。

（3）病理变化　病死鸡剖检主要病变表现为肝脏肿大、硬化、脆弱、黄疸，有斑点出血或灰白色斑点状坏死灶，腹水；心脏有出血，心包积液；胰脏萎缩（由均匀变成凸凹不平或网状）；肾肿大；肠黏膜出血。

（4）防治措施

①预防措施。不喂发霉变质的饲料，且要加强饲料的贮存管理。一些养鸡户不注意饲料的贮存、乱堆乱放，不注意防潮、通风、防鼠等，在夏季特别容易导致饲料霉变。有的养鸡户无计划采购饲料，造成饲料积压超过保质期，不但使饲料中的营养类添加剂损失殆尽，而且易引起霉菌毒素中毒。

②治疗措施。应立即更换饲料，排毒解毒，并在饲料或饮水中加入下列药物：白芍粉 0.5%、维生素 C 0.05%、葡萄糖 1%、活性炭 1%。

处方一：硫酸钠 10～20g 或硫酸镁 5g，一次内服，并给予大量饮水。

处方二：制霉菌素 3 万～4 万 IU，混于饲料中一次喂服，连喂 1～2d。

第三篇 粪污治理和资源化利用

65. 非规模养殖场标准是什么？

非规模养殖标准为：50 头≤生猪存栏＜200 头，20 头≤奶牛存栏＜50 头，50 头≤肉牛存栏＜100 头，100 只≤羊存栏＜500 只，1 000 只≤肉兔存栏＜5 000 只，2 000 只≤家禽存栏＜10 000 只。

66. 规模养殖场标准是什么？

（1）大型规模养殖场　根据农业农村部制定的标准：按设计规模，生猪年出栏≥2 000 头，奶牛存栏≥1 000 头，肉牛年出栏≥200 头，肉羊年出栏≥500 头，蛋鸡存栏≥10 000 只，肉鸡年出栏≥40 000 只的养殖场属大型规模养殖场。

（2）规模养殖场　生猪年出栏量 500 头以上，蛋鸡、蛋鸭存栏量 2 000 只以上，肉鸡、肉鸭年出栏量 1 万只以上，鹅年出栏量 5 000 只以上，奶牛存栏量 100 头以上，肉牛（瘤牛、水牛、大额牛）年出栏量 50 头以上，羊年出栏量 200 只以上，兔年出栏量 5 000 只以上，鸽年出栏量 1 万只以上，鹌鹑年出栏量 5 万只以上。江苏省规模养殖场标准：生猪存栏≥200 头，奶牛存栏≥50 头，肉牛存栏≥100 头，肉羊存栏≥500 头，家禽存栏≥10 000 只。

67. 规模养殖场粪污治理要求是什么？

畜禽粪污资源化利用是指在畜禽粪污处理过程中，通过生产沼气、堆肥、沤肥、沼肥、肥水、商品有机肥、垫料、基质等方式进行合理利用。

畜禽规模养殖场粪污资源化利用应坚持农牧结合、种养平衡，按照资源化、减量化、无害化的原则，对源头减量、过程控制和末端利用各环节进行全程管理，提高粪污综合利用率和设施装备配套率。

畜禽规模养殖场应根据养殖污染防治要求，建设与养殖规模相配套的粪污资源化利用设施设备，并确保正常运行。

畜禽规模养殖场宜采用干清粪工艺。采用水泡粪工艺的，要控制用水量，减少粪污产生总量。鼓励水冲粪工艺改造为干清粪或水泡粪。不同畜种、不同清粪工艺最高允许排水量按照《畜禽养殖业污染物排放标准（GB 18596—2001）》执行。

畜禽规模养殖场应及时对粪污进行收集、贮存，粪污暂存池（场）应满足防渗、防雨、防溢流等要求。

固体粪便暂存池（场）的设计按照《畜禽粪便贮存设施设计要求》（GB/T 27622—2011）执行。污水暂存池的设计按照《畜禽养殖污水贮存设施设计要求》（GB/T 26624—2011）执行。

畜禽规模养殖场应建设雨污分离设施，污水宜采用暗沟或管道输送。

规模养殖场干清粪或固液分离后的固体粪便可采用堆肥、沤肥、生产垫料等方式进行处理利用。固体粪便堆肥（生产垫料）宜采用条垛式、槽式、发酵仓、强制通风静态垛等好氧工艺，或其他适用技术，同时配套必要的混合、输送、搅拌、供氧等设施设备。猪场堆肥设施发酵容积不小于 $0.002m^3$×发酵周期（d）×设计存栏量（头），其他畜禽按《畜禽养殖业污染物排放标准》（GB 18596—

2001）折算成猪的存栏量计算。

液体或全量粪污通过氧化塘、沉淀池等进行无害化处理的，氧化塘、贮存池容积不小于单位畜禽日粪污产生量（m^3）×贮存周期（d）×设计存栏量（头）。单位畜禽粪污日产生量推荐值为：生猪 $0.01m^3$，奶牛 $0.045m^3$，肉牛 $0.017m^3$，家禽 $0.000\ 2m^3$，具体可根据养殖场实际情况核定。

液体或全量粪污采用异位发酵床工艺处理的，每头存栏生猪粪污暂存池容积不小于 $0.2m^3$，发酵床建设面积不小于 $0.2m^2$，并有防渗防雨功能，配套搅拌设施。

堆肥、沤肥、沼肥、肥水等还田利用的，依据《畜禽养殖粪污土地承载力测算技术指南》合理确定配套农田面积。

委托第三方处理机构对畜禽粪污代为综合利用和无害化处理的，应依照农业农村部《畜禽规模养殖场粪污资源化利用设施建设规范（试行)》第六条规定建设粪污暂存设施，可不自行建设综合利用和无害化处理设施。

68. 非规模养殖场粪污治理要求是什么？

（1）"一分离" 非规模畜禽养殖场（户）生产设施必须做到雨污分离，污水宜采用暗沟或管道输送。根据粪尿收集工艺和资源化利用方向、方式，必要时进行干湿分离。

（2）"两配套" 有与生产规模相匹配的堆粪场、粪污储存池等配套设施。采用全进全出、发酵床（垫料）等养殖工艺的，可按实际情况配备设施。委托第三方处理的，应当建设粪污暂存设施。粪污储存设施要达到防雨、防外溢和防渗透的要求。

69. 非规模养殖场基本工艺和设施配备要求是什么？

设计容积可参考表 3-1。

表 3-1　非规模养殖场基本工艺和设施配套

种类 及规模	清粪工艺	堆粪场有效体积（m³） （按贮存 2 个月测算）	粪污储存池有效容积（m³） （按贮存 2 个月测算）
生猪存栏（1 头）	干清粪	≥0.08	≥0.24
	水泡粪	—	≥0.4
奶牛（1 头）		—	≥2.8
羊（1 头）		≥0.05	—
蛋鸡（100 只）	传送带	≥0.7	—
	刮粪板	—	≥0.7
肉鸡（100 只）		≥0.4（按批测算）	—
蛋鸭（100 只）		≥1	—
肉鸭（100 只）		—	≥0.4（按批测算）
鹅（100 只）		—	≥0.6（按批测算）
鸽子（100 对）		≥0.7	—
鹌鹑（500 只）		≥0.7	—
兔（100 只）		≥1.2	—

注：a. 粪污贮存最短时间不得低于 2 个月，此表按此标准测算。各非规模养殖场户需根据实际贮存时间、设计规模和种植结构，结合此表推荐参数折算，配套建设相应容积的设施。

b. 养殖场户进行粪污处理后直接还田的，粪污贮存池应分隔成 2～3 格。

c. 采用全进全出饲养的，应建设相应的圈舍清洗水收集管道和应急贮存池。

70. 什么是猪当量？

猪当量是用于比较不同畜禽氮（磷）排泄量的度量单位。

1 头猪＝1 个猪当量；

100 头猪＝15 头奶牛；

100 头猪＝30 头肉牛；

100 头猪＝250 只羊；

100 头猪＝2 500 只家禽。

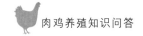

71. 配套土地的标准是什么？

消纳粪污需要一定的土地。1 头猪需要 133.3m² （0.2 亩）土地，其他畜禽按猪当量折算。

72.《畜禽规模养殖污染防治条例》制定的意义是什么？

为了防治畜禽养殖污染，推进畜禽养殖废弃物的综合利用和无害化处理，保护和改善环境，保障公众身体健康，促进畜牧业持续健康发展，制定此条例。

73.《畜禽规模养殖污染防治条例》适用范围是什么？

《畜禽规模养殖污染防治条例》适用于畜禽养殖场、养殖小区的养殖污染防治。

畜禽养殖场、养殖小区的规模标准根据畜牧业发展状况和畜禽养殖污染防治要求确定。牧区放牧养殖污染防治，不适用本条例。

74. 畜禽养殖污染防治的原则是什么？

应当统筹考虑保护环境与促进畜牧业发展的需要，坚持预防为主、防治结合的原则，实行统筹规划、合理布局、综合利用、激励引导。

75. 畜禽养殖污染防治的管理部门是哪个部门？

县级以上人民政府环境保护主管部门负责畜禽养殖污染防治的统一监督管理。县级以上人民政府农牧主管部门负责畜禽养殖废弃物综合利用的指导和服务。

县级以上人民政府循环经济发展综合管理部门负责畜禽养殖循环经济工作的组织协调。县级以上人民政府其他有关部门依照本条例规定和各自职责，负责畜禽养殖污染防治相关工作。乡镇人民政府应当协助有关部门做好本行政区域的畜禽养殖污染防治工作。

76. 新建、改建、扩建畜禽养殖场、养殖小区应如何办理环保手续?

新建、改建、扩建畜禽养殖场、养殖小区，应当符合畜牧业发展规划、畜禽养殖污染防治规划，满足动物防疫条件，并进行环境影响评价。对环境可能造成重大影响的大型畜禽养殖场、养殖小区，应当编制环境影响报告书；其他畜禽养殖场、养殖小区应当填报环境影响登记表。大型畜禽养殖场、养殖小区的管理目录，由国务院环境保护主管部门商国务院农牧主管部门确定。

77. 环境影响评价的重点有哪些?

畜禽养殖产生的废弃物种类和数量，废弃物综合利用和无害化处理方案和措施，废弃物的消纳和处理情况以及向环境直接排放的情况，最终可能对水体、土壤等环境和人体健康产生的影响，以及控制和减少影响的方案和措施等。

78. 畜禽养殖场、养殖小区应配套建设哪些设施设备?

应当根据养殖规模和污染防治需要，建设相应的畜禽粪便、污水与雨水分流设施，畜禽粪便、污水的贮存设施，粪污厌氧消化和堆沤、有机肥加工、制取沼气、沼渣沼液分离和输送、污水处理、畜禽尸体处理等综合利用和无害化处理设施。已经委托他人对畜禽养殖废弃物代为综合利用和无害化处理的，可以不自行建设综合利

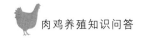

用和无害化处理设施。

未建设污染防治配套设施、自行建设的配套设施不合格，或者未委托他人对畜禽养殖废弃物进行综合利用和无害化处理的，畜禽养殖场、养殖小区不得投入生产或者使用。

畜禽养殖场、养殖小区自行建设污染防治配套设施的，应当确保其正常运行。

从事畜禽养殖活动，应当采取科学的饲养方式和废弃物处理工艺等有效措施，减少畜禽养殖废弃物的产生量和向环境的排放量。

79. 畜禽粪污的综合利用方式有哪些?

国家鼓励和支持采取粪肥还田、制取沼气、制造有机肥等方法，对畜禽养殖废弃物进行综合利用。国家鼓励和支持采取种植和养殖相结合的方式消纳利用畜禽养殖废弃物，促进畜禽粪便、污水等废弃物就地就近利用。国家鼓励和支持沼气制取、有机肥生产等废弃物综合利用以及沼渣沼液输送和施用、沼气发电等相关配套设施建设。将畜禽粪便、污水、沼渣、沼液等用作肥料的，应当与土地的消纳能力相适应，并采取有效措施，消除可能引起传染病的微生物，防止污染环境和传播疫病。

从事畜禽养殖活动和畜禽养殖废弃物处理活动，应当及时对畜禽粪便、畜禽尸体、污水等进行收集、贮存、清运，防止恶臭和畜禽养殖废弃物渗出、泄漏。

向环境排放经过处理的畜禽养殖废弃物，应当符合国家和地方规定的污染物排放标准和总量控制指标。畜禽养殖废弃物未经处理，不得直接向环境排放。

染疫畜禽以及染疫畜禽排泄物、染疫畜禽产品、病死或者死因不明的畜禽尸体等病害畜禽养殖废弃物，应当按照有关法律、法规和国务院农牧主管部门的规定，进行深埋、化制、焚烧等无害化处理，不得随意处置。

80. 如何进行环境影响登记表备案？

以徐州市为例：

（1）进入"徐州市生态环境局"官网，在右下角进入"建设项目环境影响登记表备案系统"。

（2）注册：填入"单位/个人"等信息，成功后取得用户名、密码（请记牢）。

（3）用注册好的用户名、密码登录备案系统，按系统提示备案即可。

（4）备案结束，确认无误后，提交打印，签字。

81. 畜禽粪污资源化利用台账包含哪些内容？

畜禽粪污资源化利用台账主要是记录畜禽粪污的产生量、去向、用途、经手人、使用人、使用植物种类、使用数量等。

82. 畜禽粪污资源化利用台账的作用是什么？

能有效地追溯，为生态环境执法提供依据。避免畜禽粪污的乱排乱放，减少或杜绝环境污染。

第四篇 法律法规

83. 动物防疫法管理的范围是什么？

动物，是指家畜家禽和人工饲养、捕获的其他动物。

动物产品，是指动物的肉、生皮、原毛、绒、脏器、脂、血液、精液、卵、胚胎、骨、蹄、头、角、筋以及可能传播动物疫病的奶、蛋等。

动物疫病，是指动物传染病，包括寄生虫病。

动物防疫，是指动物疫病的预防、控制、诊疗、净化、消灭，动物、动物产品的检疫，以及病死动物、病害动物产品的无害化处理。

84. 动物防疫的方针是什么？

动物防疫实行预防为主，预防与控制、净化、消灭相结合的方针。

85. 国家对畜禽养殖用地是怎样规定的？

《中华人民共和国畜牧法》第三十七条规定：农村集体经济组织、农民、畜牧业合作经济组织按照乡镇土地利用总体规划建立的畜禽养殖场、养殖小区用地按农业用地管理。畜禽养殖场、养殖小区用地使用权期限届满，需要恢复为原用途的，由畜禽养殖场、养殖小区土地使用权人负责恢复。

86. **哪些区域禁止建设畜禽养殖场、养殖小区？**

根据《畜禽规模养殖污染防治条例》第十一条的规定，禁止在下列区域建设畜禽养殖场、养殖小区：

（1）饮用水源保护区、风景名胜区。

（2）自然保护区的核心区和缓冲区。

（3）城镇居民、文化教育科学研究区等人口集中区域。

（4）法律、法规规定的其他禁止养殖区域。

87. **畜禽养殖场应当具备什么条件？**

（1）有与其饲养规模相适应的生产场所和配套的生产设施。

（2）有为其服务的畜牧兽医技术人员。

（3）具备法律、行政法规和国务院农业农村主管部门规定的防疫条件。

（4）有与畜禽粪污无害化处理和资源化利用相适应的设施设备。

（5）法律、行政法规规定的其他条件。

88. **动物饲养场的动物防疫要求有哪些？**

（1）各场所之间，各场所与动物诊疗场所、居民生活区、生活饮用水水源地、学校、医院等公共场所之间保持必要的距离。

（2）场区周围建有围墙等隔离设施；场区出入口处设置运输车辆消毒通道或者消毒池，并单独设置人员消毒通道；生产经营区与生活办公区分开，并有隔离设施；生产经营区入口处设置人员更衣消毒室。

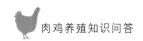

（3）配备与其生产经营规模相适应的执业兽医或者动物防疫技术人员。

（4）配备与其生产经营规模相适应的污水、污物处理设施，清洗消毒设施设备，以及必要的防鼠、防鸟、防虫设施设备。

（5）建立隔离消毒、购销台账、日常巡查等动物防疫制度。

动物饲养场除符合上述规定外，还应当符合下列条件：

（1）设置配备疫苗冷藏冷冻设备、消毒和诊疗等防疫设备的兽医室。

（2）生产区清洁道、污染道分设；具有相对独立的动物隔离舍。

（3）配备符合国家规定的病死动物和病害动物产品无害化处理设施设备或者冷藏冷冻等暂存设施设备。

（4）建立免疫、用药、检疫申报、疫情报告、无害化处理、畜禽标识及养殖档案管理等动物防疫制度。

（5）禽类饲养场内的孵化间与养殖区之间应当设置隔离设施，并配备种蛋熏蒸消毒设施，孵化间的流程应当单向，不得交叉或者回流。

89. 动物养殖场如何取得动物防疫条件合格证？

动物养殖场建设竣工后，应当向所在地县级人民政府农业农村主管部门提出申请，并提交以下材料：

（1）《动物防疫条件审查申请表》。

（2）场所地理位置图、各功能区布局平面图。

（3）设施设备清单。

（4）管理制度文本。

（5）人员信息。

申请材料不齐全或者不符合规定条件的，县级人民政府农业农村主管部门应当自收到申请材料之日起五个工作日内，一次性告知申请人需补充的内容。

县级人民政府农业农村主管部门应当自受理申请之日起十五个工作日内完成材料审核，并结合选址综合评估结果完成现场核查，审查合格的，颁发动物防疫条件合格证；审查不合格的，应当书面通知申请人，并说明理由。

动物防疫条件合格证应当载明申请人的名称（姓名）、场（厂）址、动物（动物产品）种类等事项，具体格式由农业农村部规定。

90. 取得动物防疫条件合格证后，需要养殖场做哪些工作？

取得动物防疫条件合格证后，变更场址或者经营范围的，应当重新申请办理，同时交回原动物防疫条件合格证，由原发证机关予以注销。

变更布局、设施设备和制度，可能引起动物防疫条件发生变化的，应当提前三十日向原发证机关报告。发证机关应当在十五日内完成审查，并将审查结果通知申请人。

变更单位名称或者法定代表人（负责人）的，应当在变更后十五日内持有效证明申请变更动物防疫条件合格证。

动物饲养场、动物隔离场所、动物屠宰加工场所以及动物和动物产品无害化处理场所，应当在每年3月底前将上一年的动物防疫条件情况和防疫制度执行情况向县级人民政府农业农村主管部门报告。

禁止转让、伪造或者变造动物防疫条件合格证。

动物防疫条件合格证丢失或者损毁的，应当在十五日内向原发证机关申请补发。

91. 畜禽养殖场如何办理备案手续？

畜禽养殖场开办者应当将畜禽养殖场的名称、养殖地址、畜禽品种和养殖规模，向养殖场所在地县级人民政府农业农村主管部门备案，取得畜禽标识代码。

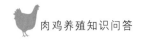

具体步骤：

（1）建设完成后向镇级管理部门提出备案要求。

（2）根据镇级管理部门的要求填报相关资料。

（3）由镇级管理部门向县级管理部门备案。

（4）县级管理部门审核材料，合格后予以备案。

畜禽养殖场的规模标准和备案管理办法，由国务院农业农村主管部门制定。

畜禽养殖场的选址、建设应当符合国土空间规划，并遵守有关法律法规的规定；不得违反法律法规的规定，在禁养区域建设畜禽养殖场。

92. **畜禽养殖场养殖档案的内容包括哪些？**

畜禽养殖场应当建立养殖档案，载明下列内容：

（1）畜禽的品种、数量、繁殖记录、标识情况、来源和进出场日期。

（2）饲料、饲料添加剂、兽药等投入品的来源、名称、使用对象、时间和用量。

（3）检疫、免疫、消毒情况。

（4）畜禽发病、死亡和无害化处理情况。

（5）畜禽粪污收集、储存、无害化处理和资源化利用情况。

（6）国务院农业农村主管部门规定的其他内容。

93. **出售或者运输动物、动物产品的，应该如何进行检疫申报？**

《动物检疫管理办法》规定：

出售或者运输动物、动物产品的，货主应当提前三天向所在地动物卫生监督机构申报检疫。

屠宰动物的，应当提前六小时向所在地动物卫生监督机构申报检疫；急宰动物的，可以随时申报。

　　向无规定动物疫病区输入相关易感动物、易感动物产品的，货主除按本办法第八条规定向输出地动物卫生监督机构申报检疫外，还应当在启运三天前向输入地动物卫生监督机构申报检疫。输入易感动物的，向输入地隔离场所在地动物卫生监督机构申报；输入易感动物产品的，在输入地省级动物卫生监督机构指定的地点申报。

　　申报检疫的，应当提交检疫申报单以及农业农村部规定的其他材料，并对申报材料的真实性负责。

94. 出售或运输的动物，需要符合什么条件才能出具动物检疫证明？

　　（1）来自非封锁区及未发生相关动物疫情的饲养场（户）。
　　（2）来自符合风险分级管理有关规定的饲养场（户）。
　　（3）申报材料符合检疫规程规定。
　　（4）畜禽标识符合规定。
　　（5）按照规定进行了强制免疫，并在有效保护期内。
　　（6）临床检查健康。
　　（7）需要进行实验室疫病检测的，检测结果合格。

95. 畜禽运输需要遵循哪些规定？

　　经检疫合格的动物应当按照动物检疫证明载明的目的地运输，并在规定时间内到达，运输途中发生疫情的应当按有关规定报告并处置。

　　跨省、自治区、直辖市通过道路运输动物的，应当经省级人民政府设立的指定通道入省境或者过省境。

　　饲养场（户）或者屠宰加工场所不得接收未附有效动物检疫证明的动物。

　　运输用于继续饲养或屠宰的畜禽到达目的地后，货主或者承运人应当在三日内向启运地县级动物卫生监督机构报告；目的地饲养

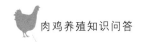

场（户）或者屠宰加工场所应当在接收畜禽后三日内向所在地县级动物卫生监督机构报告。

96. 依法应当检疫而未经检疫的动物、动物产品如何处理？

依法应当检疫而未经检疫的动物、动物产品，由县级以上地方人民政府农业农村主管部门依照《中华人民共和国动物防疫法》处理处罚，不具备补检条件的，予以收缴销毁；具备补检条件的，由动物卫生监督机构补检。

依法应当检疫而未经检疫的胴体、肉、脏器、脂、血液、精液、卵、胚胎、骨、蹄、头、筋、种蛋等动物产品，不予补检，予以收缴销毁。

97. 哪些动物产品禁止屠宰、经营、运输？

（1）封锁疫区内与所发生动物疫病有关的。

（2）疫区内易感染的。

（3）依法应当检疫而未经检疫或者检疫不合格的。

（4）染疫或者疑似染疫的。

（5）病死或者死因不明的。

（6）其他不符合国务院农业农村主管部门有关动物防疫规定的。

因实施集中无害化处理需要暂存、运输动物和动物产品并按照规定采取防疫措施的除外。

98. 《农产品质量安全法》中规定不得销售的农产品有哪些？

（1）含有国家禁止使用的农药、兽药或者其他化合物。

（2）农药、兽药等化学物质残留或者含有的重金属等有毒有害物质不符合农产品质量安全标准。

（3）含有的致病性寄生虫、微生物或者生物毒素不符合农产品质量安全标准。

（4）未按照国家有关强制性标准以及其他农产品质量安全规定使用保鲜剂、防腐剂、添加剂、包装材料等，或者使用的保鲜剂、防腐剂、添加剂、包装材料等不符合国家有关强制性标准以及其他质量安全规定。

（5）病死、毒死或者死因不明的动物及其产品。

（6）其他不符合农产品质量安全标准的情形。

99. 从事动物饲养、屠宰、经营、隔离、运输及动物产品生产、经营、加工、贮藏等活动的单位和个人的义务有哪些？

从事动物饲养、屠宰、经营、隔离、运输及动物产品生产、经营、加工、贮藏等活动的单位和个人，需依照法律及国务院农业农村主管部门的规定，做好免疫、消毒、检测、隔离、净化、消灭、无害化处理等动物防疫工作，承担动物防疫相关责任。

饲养动物的单位和个人应当履行动物疫病强制免疫义务，按照强制免疫计划和技术规范，对动物实施免疫接种，并按照国家有关规定建立免疫档案，加施畜禽标识，保证可追溯。

实施强制免疫接种的动物未达到免疫质量要求，实施补充免疫接种后仍不符合免疫质量要求的，有关单位和个人应当按照国家有关规定处理。

用于预防接种的疫苗应当符合国家质量标准。

100. 哪些行为是畜禽养殖从业者应禁止的？

从事畜禽养殖，不得有下列行为：

（1）违反法律、行政法规和国家有关强制性标准、国务院农业农村主管部门的规定使用饲料、饲料添加剂、兽药。

（2）使用未经高温处理的餐馆、食堂的泔水饲喂家畜。

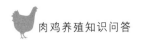

（3）在垃圾场或者使用垃圾场中的物质饲养畜禽。

（4）随意弃置和处理病死畜禽。

（5）法律、行政法规和国务院农业农村主管部门规定的危害人和畜禽健康的其他行为。

从事畜禽养殖，应当依照《中华人民共和国动物防疫法》《中华人民共和国农产品质量安全法》的规定，做好畜禽疫病防治和质量安全工作。

畜禽养殖者应当按照国家关于畜禽标识管理的规定，在应当加施标识的畜禽的指定部位加施标识。

禁止伪造、变造或者重复使用畜禽标识。禁止持有、使用伪造、变造的畜禽标识。

畜禽养殖场应当保证畜禽粪污无害化处理和资源化利用设施的正常运转，保证畜禽粪污综合利用或者达标排放，防止污染环境。违法排放或者因管理不当污染环境的，应当排除危害，依法赔偿损失。

101. 国家对严重危害养殖业生产和人体健康的动物疫病实施什么措施？

国家对严重危害养殖业生产和人体健康的动物疫病实施强制免疫。

国务院农业农村主管部门确定强制免疫的动物疫病病种和区域。

省、自治区、直辖市人民政府农业农村主管部门制定本行政区域的强制免疫计划；根据本行政区域动物疫病流行情况增加实施强制免疫的动物疫病病种和区域，报本级人民政府批准后执行，并报国务院农业农村主管部门备案。

县级以上地方人民政府农业农村主管部门负责组织实施动物疫病强制免疫计划，并对饲养动物的单位和个人履行强制免疫义务的情况进行监督检查。

　　乡级人民政府、街道办事处组织本辖区饲养动物的单位和个人做好强制免疫，协助做好监督检查；村民委员会、居民委员会协助做好相关工作。

　　县级以上地方人民政府农业农村主管部门应当定期对本行政区域的强制免疫计划实施情况和效果进行评估，并向社会公布评估结果。

第五篇 药物知识

102. 什么是药物？

药物指用于治疗、预防或诊断疾病的物质。兽药是指用于畜禽的药物，它还包括能促进动物生长繁殖和提高生产性能的物质。

103. 如何更好地储存药物？

药品的储存保管要做到安全、合理和有效。每种药品都有说明书，应按照药品说明书要求存放药品。引起药品变质的因素有空气、温度、湿度、光照、霉菌、储存时间等。药品的工艺、包装所使用的容器和包装方法等，也对药品的质量有很大的影响。药品库应干燥、避光、阴凉，货架离地面有一定距离，通风良好。

104. 药物的相互作用有哪些？

（1）配伍禁忌　两种以上药物混合使用或药物制成制剂时，可能发生体外的相互作用，出现使药物中和、水解、破坏失效等理化反应时，可能发生混浊、沉淀、产生气体及变色等外观异常的现象，称为配伍禁忌。

（2）药动学的相互作用　临床上同时使用两种以上的药物治疗

疾病，称为联合用药，其目的是提高疗效，消除或减轻某些毒副作用，适当联合应用抗菌药也可减少耐药性的产生。但是，同时使用两种以上药物，在体内的器官、组织中或作用部位药物均可发生相互作用，使药效或不良反应增强或减弱。药物在体内的吸收、分布、生物转化和排泄过程中发生的相互作用，称为药动学的相互作用。

①吸收。主要发生在内服药物时在胃肠道的相互作用，具体表现为：其一，物理化学的相互作用，如 pH 的改变，影响药物的解离和吸收；发生螯合作用，如四环素类、恩诺沙星等可与钙、铁、镁等金属离子发生螯合，影响吸收或使药物失活。其二，胃肠道运动功能的改变，如拟胆碱药可加快排空和肠蠕动，使药物迅速排出，吸收不完全；抗胆碱药如阿托品等则降低排空率和减慢肠蠕动，可使吸收减慢，峰浓度降低，但亦使药物在胃肠道停留时间延长，而增加吸收量。其三，菌丛改变。胃肠道菌群参与药物的代谢，广谱抗菌药能改变或杀灭胃肠道菌群，影响代谢和吸收，如抗生素治疗可使洋地黄在胃肠道的生物转化减少，吸收增加。其四，改变黏膜功能，有些药物可能损害胃肠道黏膜，影响吸收或阻断主动转运过程。

②分布。药物的器官摄取率与清除率最终取决于血流量，所以，影响血流量的药物均可影响药物分布。

③生物转化。药物在生物转化过程中的相互作用主要表现为酶的诱导和抑制。

④排泄。任何排泄途径均可发生药物的相互作用，但目前对肾排泄研究较多。如血浆蛋白结合的药物被置换成为游离药物可增加肾小球的滤过率；影响尿液 pH 的药物使药物的解离度发生改变，从而影响药物的重吸收，如碱化尿液可加速水杨酸盐的排泄；近曲小管的主动排泄可因相互作用而出现竞争性抑制，如同时使用丙磺舒与青霉素，可使青霉素的排泄减慢，提高血浆浓度，延长半衰期。

（3）药效学的相互作用　同时使用两种以上药物，由于药物

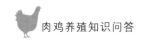

效应或作用机制的不同，可使总效应发生改变，称为药效学的相互作用。可能有以下几种情况：两药合用的效应大于单药效应的代数和，称协同作用；两药合用的效应等于它们分别作用的代数和，称相加作用；两药合用的效应小于单药效应的代数和，称拮抗作用。在同时使用多种药物时，治疗作用可出现上述三种情况，不良反应也可能出现这些情况，如头孢菌素的肾毒性可因庆大霉素而增强。一般来说，用药种类越多，不良反应发生率也越高。

药效学相互作用发生的机制是多种多样的，主要有四个方面：通过受体作用；作用于相同的组织细胞；干扰不同的代谢环节；影响体液或电解质平衡。

105. **影响药物作用的主要因素有哪些？**

药物的作用是药物与机体相互作用过程的综合表现，许多因素都可能干扰或影响这个过程，使药物的效应发生变化。这些因素包括药物方面、动物方面、饲养管理和环境因素。

（1）药物方面的因素

①剂量。药物的作用或效应在一定剂量范围内随着剂量的增加而增强，如人工盐小剂量是健胃作用，大剂量则表现为下泻作用。所以，药物的剂量是决定药效的重要因素。临床用药时，除根据兽药典、兽药规范等决定用药剂量外，还要根据药物的理化性质、毒副作用和病情发展的需要适当调整剂量，才能更好地发挥药物的治疗作用。

②剂型。传统的剂型如水溶液、散剂、片剂、注射剂等，主要表现为吸收速度和量的不同，从而影响药物的生物利用度。随着新剂型研究不断取得进展，缓释、控释和靶向制剂先后逐步用于临床，剂型对药物作用的影响越来越明显并具有重要意义。

③给药方案。给药方案包括给药剂量、途径、时间间隔和疗程。给药途径不同主要影响生物利用度和药效出现的快慢，静脉注

射几乎可立即出现药物作用，之后依次为肌内注射、皮下注射和内服。除根据疾病治疗需要选择给药途径外，还应根据药物的性质选择不同方案。家禽由于集约化饲养，数量较多，注射给药要消耗大量人力、物力，也容易引起应激反应，所以，宜采用混饲或混饮的群体给药方法。但此时必须既要保证每个个体都能获得足够的剂量，又要防止有些个体摄入量过多而产生中毒；此外，还要根据不同气候、疾病发生过程中动物摄入饲料或饮水量的不同，而适当调整药物的浓度。

大多数药物治疗疾病时必须重复给药，确定给药的时间间隔主要根据药物的半衰期和消除速率而定。一般情况下在下次给药前要维持血液中的最低有效浓度。有些药物给药一次即可，如解热镇痛药、抗寄生虫药等；但大多数药物必须按规定的剂量和时间间隔连续给予一定的时间，才能达到治疗效果，即一个疗程。抗菌药物更要求有充足的疗程才能保证稳定的疗效，并避免产生耐药性，绝不可给药1～2次出现药效就立即停药。如抗生素一般要求2～3d为一疗程，磺胺药则要求3～5d为一疗程。

（2）动物方面的因素

①种属差异。动物品种繁多，解剖、生理特点各异，不同种属动物对同一药物的药动学和药效学往往有很大的差异。在大多数情况下表现为量的差异，即作用的强弱和维持时间的长短不同。药物对不同种属动物的作用除表现量的差异外，少数药物还可表现质的差异。

②生理因素。不同年龄、性别、妊娠或哺乳期动物对同一药物的反应往往有一定差异，这与机体器官组织的功能状态，尤其与肝药物代谢酶系统有密切的关系。

③病理状态。动物在病理状态下对药物的反应性存在一定程度的差异。不少药物对患病动物的作用较显著，甚至要在病理状态下才呈现药物的作用，如解热镇痛药能使发热动物降温，而对正常体温没有影响。

严重的肝、肾功能障碍，可影响药物的生物转化和排泄，对

药物动力学产生显著的影响，引起药物蓄积，延长半衰期，从而增强药物的作用，严重者可能引发毒性反应。但也有少数药物在肝生物转化后才有作用，如可的松，对肝功能不全的动物作用减弱。

炎症过程使动物的生物膜通透性增加，影响药物的转运。

严重的寄生虫病、失血性疾病或营养不良患病动物，由于血浆蛋白质大大减少，可使高血浆蛋白结合率药物的血中游离药物浓度增加，一方面使药物作用增强，同时也使药物的生物转化和排泄增加，半衰期缩短。

④个体差异。同种动物在基本条件相同的情况下：有少数个体对药物特别敏感，称为高敏性；另有少数个体则特别不敏感，称为耐受性。这种个体之间的差异，在最敏感和最不敏感之间约差10倍。产生个体差异的主要原因是动物对药物的吸收、分布、生物转化和排泄的差异，其中生物转化是最重要的因素。

（3）饲养管理和环境因素　药物的作用是通过动物机体来表现的，因此机体的功能状态与药物的作用有密切的关系，如药物的作用与机体的免疫力、网状内皮系统的吞噬能力有密切的关系，有些病原体的最后消除还要依靠机体的防御机制。所以，机体的健康状态对药物的效应可产生直接或间接的影响。

动物的健康主要取决于饲养和管理水平。饲养方面要注意饲料营养全面，根据动物不同生长时期的需要合理调配日粮的成分，以免出现营养不良或营养过剩。管理方面应考虑动物群体的大小，防止密度过大；房舍的建设要注意通风、采光和动物活动的空间，要为动物的健康生长创造较好的条件。上述要求对患病动物更有必要，动物疾病的恢复，不能单纯依靠药物，一定要配合良好的饲养管理，加强对患病动物的护理，提高机体的抵抗力，使药物的作用得到更好的发挥。

生态环境条件对药物的作用也能产生直接或间接的影响，如不同季节、温度和湿度均可影响消毒药、抗寄生虫药的疗效。环境若存在大量的有机物，则将大大减弱消毒药的作用；通风不良、空气污染可增加动物的应激反应，加重病情，影响药效。

106. 合理用药原则是什么?

要做到合理用药，必须理论联系实际，不断总结临床用药的实践经验，在充分考虑上述影响药物作用各种因素的基础上，正确选择药物，制订对动物和病情都合适的给药方案，以下仅讨论几个应该考虑的原则。

（1）正确诊断 任何药物合理应用的先决条件都是正确的诊断，对动物发病过程无足够的认识，药物治疗便是无的放矢，非但无益，反而可能延误诊断，耽误疾病的治疗。

（2）用药要有明确的指征 要针对病鸡的具体病情，选用可靠、安全、方便、价廉易得的药物制剂。反对滥用药物，尤其不能滥用抗菌药物。

（3）了解药物对靶动物的药动学知识 根据药物的作用和对动物的药动学特点，制订科学的给药方案。错误的药物治疗包括用药错误，但更多的是剂量的错误。

（4）预期药物的疗效和不良反应 根据疾病的病理生理学过程和药物的药理作用特点以及它们之间的相互关系，药物的效应是可以预期的。几乎所有的药物不仅有治疗作用，而且存在不良反应。临床用药必须牢记疾病的复杂性和治疗的复杂性，对治疗过程做好详细的用药计划，认真观察将出现的药效和毒副作用，以便随时调整用药方案。

（5）避免使用多种药物或固定剂量的联合用药 在确定诊断以后，兽医师的任务就是选择最有效、安全的药物进行治疗，一般情况下不应同时使用多种药物（尤其抗菌药物），因为多种药物治疗极大地增加了药物相互作用的概率，也给病鸡增加了危险。除了具有确实协同作用的联合用药外，要慎重使用固定剂量的联合用药（如某些复方制剂），因为它使兽医师失去了根据动物病情需要去调整药物剂量的机会。

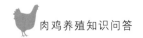

（6）正确处理对因治疗与对症治疗的关系　对因治疗与对症治疗两者巧妙结合能取得更好的疗效。

107. 什么是抗微生物药？

抗微生物药物，即抗感染药物，指杀灭或者抑制微生物生长或繁殖的药物，包括抗菌药物，抗病毒药物，抗滴虫、原虫药物，抗支原体、衣原体、立克次体药物等。

108. 什么是微生物对抗微生物药的敏感性？

以细菌为例：细菌为常见的重要病原微生物，各种病原菌对不同的抗菌药物有不同的敏感性。判断药物敏感性常用药敏试验来测定。最常用的是纸片法，细菌对抗菌药物的敏感度以纸片周围抑菌圈直径为标准，其直径越大，说明细菌对该抗菌药越敏感，一般的判定标准为：抑菌圈直径＞20mm 为极度敏感，15.1～20mm 为高度敏感，10～15mm 为中度敏感，＜10mm 为耐药。抗菌药物一般按常用量在血液和组织中的药物浓度所具备的杀菌或抑菌性能，分为杀菌剂和抑菌剂两类。前者最低杀菌浓度（MBC）约等于最低抑菌浓度（MIC），包括青霉素类、头孢菌素类、氨基糖苷类、多黏菌素类等；后者最低杀菌浓度（MBC）远大于最低抑菌浓度（MIC），包括四环素类、大环内酯类、磺胺类等。但杀菌与抑菌仅是相对的，应用较大量抑菌剂后，血液和组织中的药物浓度有时足以杀灭极敏感的细菌；而低浓度的杀菌剂对较不敏感的细菌也只能起抑制作用。因此，药物必须足量，并有良好的组织穿透性，才能维持杀菌效能。

109. 什么是微生物对抗微生物药的耐药性？

病原微生物在体内外对各种抗微生物药物均可产生耐药性，使某种药物对某种致病微生物的最低抑菌浓度（MIC）升高。病原微生物的耐药性分为天然耐药性和获得耐药性两种。病原微生物产生耐药性的机理是很复杂的。病原微生物产生耐药性后有一定的稳固性，有的抗微生物药物在停用一段时间后敏感性可逐渐恢复。因此，在局部地区不要长期固定使用某几种药物，有计划地分期、分批交替使用，可能对防止或减少病原微生物耐药性的发生和发展有一定作用。

110. 如何合理应用抗微生物药？

正确应用抗微生物药，是发挥其疗效的重要前提。不合理地应用或滥用抗微生物药，往往会产生不良后果。一方面可能使敏感病原体产生耐药性，有的还会出现遗传继代的耐药菌株；另一方面对机体可能产生不良影响，甚至引起中毒，出现所谓药源性疾病。因此，在使用时必须注意掌握以下几个原则和问题。

（1）临床用药原则

①掌握适应证。抗微生物药各有其主要适应证。可根据临床诊断或实验室病原检验推断或确定病原微生物，再根据药物的抗菌活性、药动学、不良反应、药源、价格等方面情况，选用适当药物。一般对革兰氏阳性菌引起的疾病，可选用青霉素类、头孢菌素类、四环素类、氯霉素和红霉素类等；对革兰氏阴性菌引起的疾病可选用氨基糖苷类、氯霉素类和喹噁酮类等；对耐青霉素 G 金黄色葡萄球菌所致呼吸道感染、败血症等可选用耐青霉素酶的半合成青霉素如苯唑西林、氯唑西林，也可用庆大霉素、大环内酯类和头孢菌素类抗生素；对绿脓杆菌引起的创面感染、尿路感染、败血症、肺炎等可选用庆大霉素、多黏菌素类和羧苄西林等。而对支原体引起的鸡慢性呼吸道病则首选喹噁酮类、泰乐菌素、泰妙菌素等。

②控制用量、疗程和不良反应。药物用量同控制感染密切相关。剂量过小不仅无效，反而可能促使耐药菌株的产生；剂量过大

不仅不一定增加疗效，还会造成不必要的浪费，甚至可能引起机体的严重损害，如氨基糖苷类抗生素用量过大可损伤听神经和肾脏。总之，抗微生物药物在血中必须达到有效浓度，其有效程度应以致病微生物的药敏为依据。如高度敏感，则因血中浓度要求较低而可减少用量；如仅中度敏感，则用量和血浓度均须较高。一般对轻、中度细菌感染，其最大稳态血药浓度宜超过最小抑菌浓度（MIC）4～8倍，而重度感染则在8倍以上。

药物疗程视疾病类型和患病动物情况而定。一般应持续应用至体温正常、症状消退后2d，但疗程不宜超过7d。对急性感染，如临床效果欠佳，应在用药后5d内进行调整；对败血症等疗程较长的感染，可适当延长疗程或在用药5～7d后休药1～2d再持续治疗。

用药期间要注意药物的不良反应，一经发现应及时采取停药、更换药物及相应解救措施。

（2）联合用药　多数细菌感染只需要一种抗微生物药物治疗，联合用药仅适用于少数情况，且一般二联即可，联合用药要有明确的指征。一般用于以下情况：

①单一抗微生物药不能控制的严重感染或数种微生物的混合感染。

②较长期用药，细菌容易产生耐药性时。

③毒性较大药物联合用药可使剂量减少，毒性降低。

④病因不明的严重感染或败血症。

111. 根据抗菌作用特点,抗生素可分为哪几类?

（1）第一类是繁殖期杀菌剂，如青霉素类、头孢类等。

（2）第二类是静止期杀菌剂或慢效杀菌剂，如氨基糖苷类、多肽类等。

（3）第三类为快效抑菌剂，如四环素类、氯霉素类、大环内酯类等。

（4）第四类为慢效抑菌剂，如磺胺类。

第一类与第二类抗生素合用常获得协同作用，是由于细胞壁的完整性被破坏后，第二类抗生素易于进入细胞所致；第三类与第一类抗生素合用，由于第三类抗生素能迅速阻断细菌的蛋白质合成，使细菌处于静止状态，可导致第一类抗生素抗菌活性减弱；第二类与第三类抗生素合用，可获得累加或协同作用；第三类与第四类抗生素合用，常可获得累加作用；第一类与第四类抗生素的抗菌活性无重要影响，合用后有时可产生累加作用。

112. 根据化学结构,抗生素可分为哪几类?

（1）β-内酰胺类　包括青霉素、头孢菌素等。

（2）氨基糖苷类　包括链霉素、庆大霉素、卡那霉素、新霉素、大观霉素、安普霉素等。

（3）四环素类　包括土霉素、金霉素、强力霉素等。

（4）氯霉素类　包括甲砜霉素、氟苯尼考等。

（5）大环内酯类　包括红霉素、吉他霉素、泰乐菌素等。

（6）林可胺类　包括林可霉素、克林霉素等。

（7）多肽类　包括杆菌肽、黏杆菌素等。

（8）多烯类　包括两性霉素B、制霉菌素等。

（9）聚醚类　包括莫能菌素、盐霉素、马杜霉素等。

113. 消毒防腐药的作用有哪些?

消毒防腐药是用来杀灭或抑制病原微生物的一类药物。主要用于畜禽体表、排泄物、周围环境、饲养设备、用具以及手术器械的消毒。

消毒防腐药的作用取决于药物本身的理化性质，也受环境多种因素的影响。如药物的浓度和作用时间，一般来说与消毒效果成正相关，即浓度大，作用时间长，消毒效果好；又如在消毒物品、地

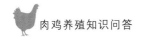

面或墙壁时，因其中含有大量蛋白质等有机污物，会降低重金属盐等多种药物的消毒效果。其他如病原微生物对药物的敏感性，消毒环境的温度、干湿度、酸碱度等，都与消毒效果密切相关。

114. 消毒防腐药的评定标准有哪些？

（1）具有广谱、高效和长效性　能迅速杀灭多种病毒、细菌等病原体，药效持续时间长。

（2）无腐蚀性　对消毒的物品，不论是金属制品、塑料制品或木制品等，均无腐蚀破坏作用。

（3）无残留毒性，无刺激性　消毒时，对人员、畜禽安全无害。

（4）使用方便　药液配制简便，适用于多种消毒方法，消毒面较广。

（5）价格低廉　降低消毒成本。

附录一 鸡场常用抗生素

1. 阿莫西林可溶性粉

【主要成分】阿莫西林。

【性状】本品为白色或类白色粉末。

【药理作用】阿莫西林属 β-内酰胺类抗生素，具有广谱抗菌作用。抗菌谱及抗菌活性与氨苄西林基本相同，对大多数革兰氏阳性菌的抗菌活性稍弱于青霉素，对青霉素酶敏感，故对耐青霉素的金黄色葡萄球菌无效。对革兰氏阴性菌如大肠埃希氏菌、变形杆菌、沙门氏菌、嗜血杆菌、布鲁氏菌和巴氏杆菌等有较强的杀灭作用，但这些细菌易产生耐药性。对铜绿假单胞菌不敏感。适用于敏感菌所致的呼吸系统、泌尿系统、皮肤及软组织等全身感染的治疗。

【药物相互作用】①本品与氨基糖苷类合用，可提高后者在菌体内的浓度，呈现协同作用。②大环内酯类、四环素类和酰胺醇类等快效抑菌剂对本品的杀菌作用有干扰作用，不宜合用。

【作用与用途】β-内酰胺类抗生素。用于治疗鸡对阿莫西林敏感的革兰氏阳性菌和革兰氏阴性菌感染。

【用法与用量】以本品计。混饮：每瓶 150kg 水，连用 3～5d。

【不良反应】对胃肠道正常菌群有较强的干扰作用。

【注意事项】①产蛋供人食用的鸡，在产蛋期不得使用。②对青霉素耐药的革兰氏阳性菌感染不宜使用。③现配现用。

【休药期】鸡 7d。

【规格】10%，100g/瓶。

【贮藏】遮光，密封保存。

2. 复方阿莫西林粉

【主要成分】阿莫西林、克拉维酸钾。

【性状】本品为白色或类白色粉末。

【药理作用】阿莫西林属于 β-内酰胺类抗菌药，具有广谱抗菌作用。抗菌谱及抗菌活性与氨苄西林基本相同，对大多数革兰氏阳性菌的抗菌活性稍弱于青霉素，对青霉素酶敏感，故对耐青霉素的金黄色葡萄球菌无效。对革兰氏阴性菌如大肠埃希菌、变形杆菌、沙门氏菌、嗜血杆菌、布鲁氏菌和巴氏杆菌等有较强的杀灭作用，但这些细菌易产生耐药性。对铜绿假单胞菌不敏感。适用于敏感菌所致的呼吸系统、泌尿系统、皮肤及软组织等全身感染的治疗。

【药物相互作用】①本品与氨基糖苷类合用，可提高后者在菌体内的浓度，呈现协同作用。②大环内酯类、四环素类和酰胺醇类等速效抑菌剂对本品的杀菌作用有干扰作用，不宜合用。

【作用与用途】β-内酰胺类抗生素。用于治疗鸡青霉素敏感菌引起的感染。

【用法与用量】以本品计。混饮：每瓶 150kg 水。2 次/d，连用 3～7d。

【不良反应】按规定的用法与用量使用尚未见不良反应。

【注意事项】①蛋鸡产蛋期禁用。②本品水溶液不稳定，现用现配。

【休药期】鸡 7d。

【规格】50g/瓶：阿莫西林 5g＋克拉维酸 1.25g。

【贮藏】遮光，密封，在凉暗处保存。

3. 硫酸新霉素可溶性粉

【主要成分】硫酸新霉素。

【性状】本品为类白色至淡黄色粉末。

【药理作用】①新霉素属于氨基糖苷类抗菌药,抗菌谱与卡那霉素相似。对大多数革兰氏阴性杆菌如大肠埃希氏菌、变形杆菌、沙门氏菌和多杀性巴氏杆菌等有强大抗菌作用,对金黄色葡萄球菌也较敏感。铜绿假单胞菌、革兰氏阳性菌(金黄色葡萄球菌除外)、立克次体、厌氧菌和真菌等对本品耐药。②新霉素内服与局部应用很少被吸收,内服后只有总量的 3% 从尿液排出,大部分不经变化从粪便排出。肠黏膜发炎或有溃疡时可使吸收增加。注射给药很快吸收,其体内过程与卡那霉素相似。

【药物相互作用】①与大环内酯类抗生素合用,可治疗革兰氏阳性菌所致的乳腺炎。②内服可影响洋地黄类药物、维生素 A 或 B 族维生素的吸收。③与青霉素类或头孢菌素类合用有协同作用。④本品在碱性环境中抗菌作用增强,与碱性药物(如碳酸氢钠、氨茶碱等)合用可增强抗菌效力,但毒性也相应增强。当 pH 超过 8.4 时,抗菌作用反而减弱。⑤Ca^{2+}、Mg^{2+}、Na^+、NH_4^+ 和 K^+ 等阳离子可抑制本品的抗菌活性。⑥与头孢菌素、右旋糖酐、强效利尿药(如呋塞米等)、红霉素等合用,可增强本品的耳毒性。⑦骨骼肌松弛药(如氯化琥珀胆碱等)或具有此种作用的药物可加强本品的神经肌肉阻滞作用。

【作用与用途】氨基糖苷类抗生素。主要用于治疗敏感的革兰氏阴性菌所致的胃肠道感染。

【用法与用量】以本品计。混饮:500kg 水/袋,连用 3～5d。

【不良反应】新霉素在氨基糖苷类中毒性最大,但内服给药或局部给药很少出现毒性反应。

【注意事项】蛋鸡产蛋期不得使用。

【休药期】鸡 5d,火鸡 14d。

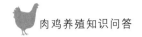

【规格】100g：32.5g（3 250万U）。

【包装】100g/袋。

【贮藏】密封，在干燥处保存。

4. 硫酸安普霉素可溶性粉

【主要成分】硫酸安普霉素。

【性状】本品为微黄色至黄褐色粉末。

【药理作用】安普霉素属氨基糖苷类抗菌药，对多种革兰氏阴性菌（如大肠杆菌、假单胞菌、沙门氏菌、克雷伯氏菌、变形杆菌、巴氏杆菌、猪痢疾密螺旋体、支气管炎败血博代氏杆菌）及葡萄球菌和支原体均具杀菌活性。安普霉素独特的化学结构可抗由多种质粒编码钝化酶的灭活作用，因而革兰氏阴性菌对其较少耐药，许多分离自动物的病原性大肠杆菌及沙门氏菌对其敏感。安普霉素与其他氨基糖苷类不存在染色体突变引起的交叉耐药性。

【药物相互作用】①与青霉素类或头孢菌素类合用有协同作用。②本类药物在碱性环境中抗菌作用增强，与碱性药物（如碳酸氢钠、氨茶碱等）合用可增强抗菌效力，但毒性也相应增强。当pH超过8.4时，抗菌作用反而减弱。③与铁锈接触可使药物失活。④与头孢菌素、右旋糖酐、强效利尿药（如呋塞米等）、红霉素等合用，可增强本类药物的耳毒性。⑤骨骼肌松弛药（如氯化琥珀胆碱等）或具有此种作用的药物可增强本类药物的神经肌肉阻滞作用。

【适应证】主要用于治疗畜禽革兰氏阴性敏感菌感染，如鸡大肠杆菌病、鸡白痢等。

【用法与用量】每袋20～40kg水，连用5d。

【不良反应】长期应用可引起肾脏损害。

【注意事项】①本品遇铁锈易失效，混饲机械要注意防锈，也不宜与微量元素制剂混合使用。②蛋鸡产蛋期禁用。③饮水给药必须当天配制。

【休药期】鸡 7d。

【规格】100g/袋：10g（1 000 万 U）。

【贮藏】避光，密闭，在干燥处保存。

5. 盐酸多西环素可溶性粉

【主要成分】盐酸多西环素。

【性状】本品为淡黄色或黄色结晶性粉末。

【药理作用】四环素类抗生素。多西环素对革兰氏阳性菌和阴性菌均有抑制作用。细菌对多西环素和土霉素存在交叉耐药性。内服吸收迅速，受食物影响较小，生物利用度高，组织渗透力强，分布广泛，有效血药浓度维持时间长。

【作用与用途】四环素类抗生素。用于治疗革兰氏阳性菌、阴性菌引起的鸡大肠埃希氏菌病、沙门氏菌病、巴氏杆菌病以及支原体引起的呼吸道疾病。

【用法与用量】以本品计。混饮：每 3 袋 100kg 水，连用 3～5d。

【不良反应】长期应用可引起二重感染和肝脏损害。

【注意事项】①蛋鸡产蛋期禁用。②避免与含钙量较高的饲料同时服用。

【休药期】28d。

【规格】10％，100g/袋。

【贮藏】密封，遮光，干燥处保存。

6. 硫氰酸红霉素可溶性粉

【主要成分】红霉素。

【性状】本品为白色或类白色粉末。

【药理作用】①红霉素属大环内酯类抗生素，本品对革兰氏阳性菌的作用与青霉素相似，但其抗菌谱较青霉素广，敏感的革兰氏阳性菌有金黄色葡萄球菌（包括耐青霉素金黄色葡萄球菌）、肺炎

球菌、链球菌等。敏感的革兰氏阴性菌有流感嗜血杆菌、脑膜炎双球菌、巴氏杆菌等。此外，对弯曲杆菌、支原体、衣原体、立克次体及钩端螺旋体也有良好抑制作用。硫氰酸红霉素在碱性溶液中的抗菌活性增强，当pH从5.5上升到8.5时，抗菌活性逐渐增加。②红霉素碱和硬脂酸盐内服均易被胃酸降解，红霉素盐的种类、剂型、胃肠道的酸度和胃中的食物均影响其生物利用度，只有肠溶制剂才能较好吸收。吸收后广泛分布于全身各组织和体液，但很少进入脑脊液。血浆蛋白结合率为73%～81%。红霉素小部分在肝代谢为无活性的N-甲基红霉素，主要以原形从胆汁排泄，只有2%～5%剂量以原形从尿排出。

【药物相互作用】①本品与其他大环内酯类、林可胺类因作用靶点相同，不宜同时使用。②与β-内酰胺类合用表现为拮抗作用。③有抑制细胞色素氧化酶系统的作用，与某些药物合用时可能抑制其代谢。

【作用与用途】大环内酯类抗生素。用于治疗革兰氏阳性菌和支原体引起的鸡感染性疾病，如葡萄球菌病、链球菌病、慢性呼吸道病和传染性鼻炎。

【用法与用量】以本品计。混饮：每袋40kg水。连用3～5d。

【不良反应】动物内服后常出现剂量依赖性胃肠道紊乱，如腹泻。

【注意事项】①蛋鸡产蛋期不得使用。②本品忌与酸性物质配伍。

【休药期】鸡3d。

【规格】100g/袋：5g（500万U）。

【贮藏】密闭，在干燥处保存。

7. 酒石酸泰乐菌素可溶性粉

【主要成分】泰乐菌素。

【性状】本品为白色至浅黄色粉末。

【药理作用】①泰乐菌素是大环内酯类中对支原体作用最强的药物之一。抗菌谱与红霉素相似，敏感的革兰氏阳性菌有金黄色葡萄球菌（包括耐青霉素金黄色葡萄球菌）、肺炎球菌、链球菌等。敏感的革兰氏阴性菌有嗜血杆菌、脑膜炎双球菌、巴氏杆菌等。敏感菌对本品可产生耐药性，金黄色葡萄球菌对本品和红霉素有部分交叉耐药现象。②泰乐菌素内服后可从胃肠道吸收，磷酸泰乐菌素则较少被吸收。肌内注射能迅速吸收。泰乐菌素吸收后同红霉素一样在体内广泛分布，注射给药的脏器浓度比内服高 2～3 倍，但不易透入脑脊液。泰乐菌素以原形在尿和胆汁中排出。

【药物相互作用】①与其他大环内酯类、林可胺类因作用靶点相同，不宜同时使用。②与 β-内酰胺类合用表现为拮抗作用。

【适应证】用于治疗鸡的支原体及敏感细菌感染，如鸡的慢性呼吸道病和传染性鼻炎等。

【用法与用量】按泰乐菌素计算，混饮，每升水 500mg，连用 3～5d。

【不良反应】①泰乐菌素可引起人接触性皮炎。②与其他大环内酯类一样，具有刺激性。③动物内服后常出现剂量依赖性胃肠道功能紊乱（呕吐、腹泻、肠疼痛等），这可能是由对平滑肌的刺激作用引起。

【注意事项】蛋鸡产蛋期禁用。

【休药期】鸡 1d。

【规格】①100g∶10g（1 000 万 U）；②100g∶20g（2 000 万 U）；③100g∶50g（5 000 万 U）。

【贮藏】密闭，在干燥处保存。

8. 替米考星溶液

【主要成分】替米考星。

【性状】本品为淡黄色至棕红色的澄清液体。

【药理作用】替米考星属动物专用半合成大环内酯类抗生素。

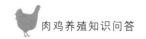

对支原体药效较强，抗菌作用与泰乐菌素相似，敏感的革兰氏阳性菌有金黄色葡萄球菌（包括耐青霉素金黄色葡萄球菌）、肺炎球菌、链球菌等。敏感的革兰氏阴性菌有嗜血杆菌、脑膜炎双球菌、巴氏杆菌等。对胸膜肺炎放线杆菌、巴氏杆菌及畜禽支原体的活性比泰乐菌素强。95％的溶血性巴氏杆菌菌株对本品敏感。内服后吸收迅速，特点是组织穿透力强，分布容积大（＞2L/kg）。肺中浓度高，消除半衰期可达1～2d，有效血药浓度维持时间长。

【药物相互作用】①与其他大环内酯类、林可胺类的作用靶点相同，不宜同时使用。②与β-内酰胺类合用表现为拮抗作用。

【作用与用途】大环内酯类抗生素。用于治疗由巴氏杆菌及支原体引起的鸡呼吸系统疾病。

【用法与用量】混饮：每3瓶400kg水。连用3d。

【不良反应】本品对动物的毒性作用主要是心血管系统，可引起心动过速和收缩力减弱。

【注意事项】产蛋鸡产蛋期不得使用。

【休药期】鸡12d。

【规格】10％，100mL/瓶。

【贮藏】遮光，密闭保存。

9. 盐酸大观霉素盐酸林可霉素可溶性粉

【主要成分】盐酸大观霉素、盐酸林可霉素。

【性状】本品为白色或类白色粉末。

【药理作用】①药效学。大观霉素属于氨基糖苷类抗生素，对多种革兰氏阴性杆菌，如大肠埃希氏菌、沙门氏菌、志贺氏菌、变形杆菌等有中度抑制作用。对链球菌、肺炎球菌、表皮葡萄球菌和某些支原体（如鸡毒支原体、火鸡支原体、滑液支原体等）敏感。对草绿色链球菌和金黄色葡萄球菌多不敏感。对铜绿假单胞菌和密螺旋体通常耐药。肠道菌对大观霉素耐药较广泛，但与链霉素不表现交叉耐药性。林可霉素类对厌氧菌有良好抗菌活性，如梭杆菌属、消化球菌、消化链球菌、破伤风梭菌、产气荚膜梭菌及大多数放线菌等。林可霉素主要作用于细菌核糖体的50S亚基，通过抑制肽链的延长而影响蛋白质的合成。②大观霉素内服后仅吸收7％，但在胃肠道内保持较高浓度。药物的组织浓度低于血清浓度。不易进入脑脊液或眼内，与血浆蛋白结合率不高。药物大多以原形经肾小球滤过排出。林可霉素内服吸收差，生物利用度为30％～40％。混饲可降低其吸收速度和吸收量。鸡以每千克体重服用本品50mg（溶于饮用水中），连饮7d，在试验期间血浆中林可霉素达0.14μg/mL，而大观霉素的浓度极微，试验7d后，才超过0.1μg/mL。

【药物相互作用】①与林可霉素合用，可显著增加对支原体的抗菌活性并扩大抗菌谱。②林可霉素与抗胆碱酯酶药合用可降低后者的疗效。③与红霉素合用有拮抗作用。

【作用与用途】用于革兰氏阴性菌、革兰氏阳性菌及支原体感染。

【用法与用量】以本品计。混饮：每袋30～50kg水，连用3～5d。

【不良反应】按规定的用法用量使用尚未见不良反应。

【注意事项】仅用于5～7日龄雏鸡。

【休药期】无须制定。

【规格】100g：大观霉素10g（1 000万U）与林可霉素5g（按$C_{18}H_{34}N_2O_6S$计算）。

【贮藏】密闭，在干燥处保存。

10. 硫酸黏菌素可溶性粉

【主要成分】黏菌素。

【性状】本品为白色或类白色粉末。

【药理作用】①黏菌素属多肽类抗菌药，是一种碱性阳离子表面活性剂，通过与细菌细胞膜内的磷脂相互作用，渗入细菌细胞膜内，破坏其结构，进而引起膜通透性发生变化，导致细菌死亡，产生杀菌作用。②本品对需氧菌、大肠埃希氏菌、嗜血杆菌、克雷伯氏菌、巴氏杆菌、铜绿假单胞菌、沙门氏菌、志贺氏菌等革兰氏阴性菌有较强的抗菌作用。革兰氏阳性菌通常不敏感。与多黏菌素 B 之间有完全交叉耐药，但与其他抗菌药物之间无交叉耐药性。③经口给药几乎不吸收，但非胃肠道给药吸收迅速。进入体内的药物可迅速分布进入心、肺、肝、肾和骨骼肌，但不易进入脑脊髓、胸腔、关节腔和感染病灶。主要经肾排泄。

【药物相互作用】①与肌松药和氨基糖苷类等神经肌肉阻滞剂合用可能引起肌无力和呼吸暂停。②与螯合剂（EDTA）和阳离子清洁剂对铜绿假单胞菌有协同作用，常联合用于局部感染的治疗。

【作用与用途】多肽类抗生素。主要用于治疗革兰氏阴性菌所致的肠道感染。

【用法与用量】以本品计。混饮：每袋 180～500kg 水。

【不良反应】按规定的用法用量使用尚未见不良反应。

【注意事项】①蛋鸡产蛋期不得使用。②连续使用不宜超过 7d。

【休药期】鸡 7d。

【规格】100g：10g（3 亿 U）。

【贮藏】遮光，密闭，在干燥处保存。

11. 氟苯尼考粉

【主要成分】氟苯尼考。

【性状】本品为白色或类白色粉末。

【药理作用】①氟苯尼考属于酰胺醇类广谱抗菌药，对多种革兰氏阳性菌、革兰氏阴性菌及支原体等有较强的抗菌活性。氟苯尼考主要是一种抑菌剂，通过与核糖体 50S 亚基结合，抑制细菌蛋白质的合成。体外氟苯尼考对许多微生物的抗菌活性与氯霉素、甲砜霉素相似或更强，一些因乙酰化作用对氯霉素耐药的细菌如大肠杆菌、克雷伯氏肺炎杆菌等仍可能对氟苯尼考敏感。溶血性巴氏杆菌、多杀巴氏杆菌对氟苯尼考高度敏感。②氟苯尼考肌内注射吸收迅速，但半衰期长。氟苯尼考能在机体的大多数组织广泛分布。体内氟苯尼考主要以原药形式从尿排出，可用于治疗敏感菌引起的泌尿道感染。

【药物相互作用】①大环内酯类和林可胺类与本品的作用靶点相同，均是与细菌核糖体 50S 亚基结合，合用时可产生相互拮抗作用。②可能会拮抗青霉素类或氨基糖苷类药物的杀菌活性，但尚未在动物体内得到证明。

【适应证】用于敏感细菌所致的鸡的细菌性疾病。如沙门氏菌引起的伤寒和副伤寒，鸡霍乱、鸡白痢、大肠杆菌病等。

【用法与用量】混饮：每瓶 100kg 水。2 次/d，连用 3～5d。

【不良反应】①本品有一定的免疫抑制作用。②有胚胎毒性，妊娠期及哺乳期家畜慎用。

【注意事项】①蛋鸡产蛋期禁用。②肾功能不全患畜需适当减量或延长给药间隔时间。③疫苗接种期或免疫功能严重缺损的动物禁用。

【休药期】鸡 5d。

【规格】10％，100g/瓶。

附录二　鸡场常用抗寄生虫药

12. 磺胺氯吡嗪钠可溶性粉

【**主要成分**】磺胺氯吡嗪钠。

【**性状**】本品为淡黄色粉末。

【**药理作用**】①本品为磺胺类抗球虫药，作用峰期是球虫第二代裂殖体，对第一代裂殖体也有一定作用。本品抗菌作用较强，对禽巴氏杆菌病、伤寒亦有效。本品不影响宿主对球虫产生免疫力。②本品内服后在消化道迅速吸收，3～4h 血药浓度达峰值，并很快经肾脏排出。

【**适应证**】用于禽的球虫病，也可用于治疗禽巴氏杆菌病、伤寒等。

【**用法与用量**】按本品计算，混饮：每袋 100kg 水，连用 3d。

【**不良反应**】按规定剂量使用，暂未见不良反应。

【**注意事项**】①饮水给药连续饮用不得超过 5d。②产蛋期禁用。③不得在饲料中添加长期使用。

【**休药期**】火鸡 4d，肉鸡 1d。

【**规格**】30%，100g/袋。

【**贮藏**】遮光，密闭保存。

13. 磺胺喹噁啉钠可溶性粉

【**主要成分**】磺胺喹噁啉钠。

【性状】本品为白色至微黄色粉末。

【药理作用】本品为治疗球虫病的专用磺胺类药。对鸡的巨型、布氏和堆型艾美耳球虫作用最强，对柔嫩和毒害艾美耳球虫作用较弱，需用较高剂量才能见效。常与氨丙啉或二甲氧苄啶合用，以增强药效。本品的作用峰期在第 2 代裂殖体（球虫感染3～4d），不影响禽只产生球虫免疫力。有一定的抑菌活性，可预防球虫病的继发感染。与其他磺胺类药物之间容易产生交叉耐药性。

【适应证】用于治疗鸡、火鸡的球虫病。

【用法与用量】按本品计算，混饮：每袋 20～30kg 水。

【不良反应】按规定剂量使用，暂未见不良反应。

【注意事项】①连续饮用不得超过 5d，若不按推荐的用法与用量给药，动物易出现中毒反应。②蛋鸡产蛋期禁用。

【休药期】鸡 10d。

【规格】10%，100g/袋。

【贮藏】遮光，密闭保存。

14. 地克珠利溶液

【主要成分】地克珠利。

【性状】本品为几乎无色至淡黄色澄清溶液。

【药理作用】地克珠利属于三嗪类广谱抗球虫药，具有杀球虫效应，对球虫发育的各个阶段均有作用。作用峰期在子孢子和第一代裂殖体的早期阶段。对鸡的柔嫩、堆型、毒害、布氏、巨型等艾美耳球虫均有良好的杀虫效果。本品长期用药易诱导耐药性产生，故应穿梭用药或短期使用。本品作用时间短，停药 2d 后作用基本消失。

【作用与用途】抗球虫药。用于预防鸡球虫病。

【用法与用量】混饮：每瓶 500～1 000kg 水。

【不良反应】按规定的用法与用量使用尚未见不良反应。

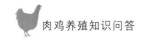

【注意事项】①本品溶液的饮水液稳定期仅为 4h，因此，必须现用现配，否则影响疗效。②本品药效期短，停药 1d，抗球虫作用明显减弱，2d 后作用基本消失。因此，必须连续用药，以防球虫病再度暴发。③本品较易引起球虫的耐药性，甚至交叉耐药性（托曲珠利），因此，连用不得超过 6 个月。轮换用药不宜应用同类药物，如托曲珠利。④操作人员在使用本品时，应避免与人的皮肤、眼睛接触。⑤蛋鸡产蛋期禁用。

【休药期】鸡 5d。

【规格】0.5%，100mL/瓶。

【贮藏】遮光，密封保存。

15. **盐酸左旋咪唑片**

【主要成分】盐酸左旋咪唑。

【性状】本品为白色片。

【药理作用】①本品是一种广谱抗线虫药，对鸡的大多数线虫具有活性。其驱虫作用机理是兴奋敏感蠕虫的副交感和交感神经节，总的表现为烟碱样作用；高浓度时，左旋咪唑通过阻断延胡索酸还原和琥珀酸氧化作用，干扰线虫的糖代谢，最终对蠕虫起麻痹作用，使活虫体排出。②本品除具有驱虫活性外，还能明显提高免疫反应。对于其免疫促进作用的机理尚不完全了解，它可恢复外周 T 淋巴细胞的细胞介导免疫功能，兴奋单核细胞的吞噬作用，对免疫功能受损的动物作用更明显。

【药物相互作用】①具有烟碱作用的药物如噻嘧啶、甲噻嘧啶、乙胺嗪，胆碱酯酶抑制药如有机磷、新斯的明可增加左旋咪唑的毒性。②左旋咪唑可增强布鲁氏菌疫苗等的免疫反应和效果。

【适应证】用于禽的胃肠道线虫、肺线虫感染的治疗；也可用于免疫功能低下动物的辅助治疗和提高疫苗的免疫效果。

【用法与用量】内服，一次量，每 2kg 体重 1 片。

【休药期】禽 28d。

【规格】50mg/片。

【贮藏】密闭保存。

16. 阿苯达唑片

【主要成分】阿苯达唑。

【性状】本品为类白色片。

【药理作用】①阿苯达唑为苯丙咪唑类，具有广谱驱虫作用。线虫对其敏感，对绦虫、吸虫也有较强作用（但需较大剂量），对血吸虫无效。作用机理主要是与线虫的微管蛋白结合发挥作用。阿苯达唑与β-微管蛋白结合后，阻止其与α-微管蛋白进行多聚化组装成微管。微管是许多细胞器的基本结构单位，是有丝分裂、蛋白装配及能量代谢等细胞繁殖过程所必需。阿苯达唑对线虫微管蛋白的亲和力显著高于哺乳动物的微管蛋白，因此对哺乳动物的毒性很小。本品不但对成虫作用强，对未成熟虫体和幼虫也有较强作用，还有杀虫卵作用。②阿苯达唑是内服吸收较好的苯丙咪唑类药物。给药后20h，代谢物阿苯达唑亚砜和阿苯达唑砜达到血浆药物峰浓度。亚砜代谢物在鸡的半衰期为4.3h，砜代谢物的半衰期为2.5h。除亚砜和砜外，尚有羟化、水解和结合产物，经胆汁排出体外。

【药物相互作用】阿苯达唑与吡喹酮合用可提高前者的血药浓度。

【适应证】用于禽线虫病，如禽的鞭毛虫。

【用法用量】内服，一次量，每2.5～5kg体重1片。

【休药期】禽4d。

【规格】50mg/片。

【贮藏】密封保存。

附录三 常用消毒剂

17. 戊二醛癸甲溴铵溶液

【主要成分】戊二醛、癸甲溴铵。

【性状】本品为无色至淡黄色澄清液体，有刺激性特臭。

【药理作用】消毒药。戊二醛为醛类消毒药，可杀灭细菌的繁殖体和芽孢、真菌、病毒。癸甲溴铵为双长链阳离子表面活性剂，其季铵阳离子能主动吸引带负电荷的细菌和病毒并覆盖其表面，阻碍细菌代谢，导致膜的通透性改变，协同戊二醛更易进入细菌、病毒内部，破坏蛋白质和酶活性，达到快速高效的消毒作用。

【作用与用途】消毒药。用于养殖场、公共场所、设备器械及种蛋等的消毒。

【用法与用量】以本品计。临用前用水按一定比例稀释。喷洒：常规环境消毒，每瓶 1 000～2 000kg 水稀释；疫病发生时环境消毒，每瓶 250～500kg 水稀释。浸泡：器械、设备等消毒，每瓶 750～1 500kg 水稀释。

【不良反应】按规定的用法与用量使用尚未见不良反应。

【注意事项】禁与阴离子表面活性剂混合使用。

【休药期】无须制定。

【规格】100mL：戊二醛 5g＋癸甲溴铵 5g。

【包装】500mL/瓶。

【贮藏】密封，在凉暗处保存。

18. 苯扎溴铵溶液

【主要成分】苯扎溴铵。

【性状】本品为无色至淡黄色的澄清液体；气芳香；强力振摇则发生多量泡沫。遇低温可能发生浑浊或沉淀。

【药理作用】①苯扎溴铵为阳离子表面活性剂，对细菌如化脓杆菌、肠道菌等有较好的杀灭作用，对革兰氏阳性菌的杀灭能力比革兰氏阴性菌强。对病毒的作用较弱，对亲脂性病毒如流感、牛痘、疱疹等病毒有一定杀灭作用，对亲水性病毒无效；对结核杆菌与真菌的杀灭效果甚微；对细菌芽孢只能起到抑制作用。②苯扎溴铵对阴离子表面活性剂，如肥皂、卵磷脂、洗衣粉、吐温-80等有拮抗作用。碘、碘化钾、蛋白银、硝酸银、水杨酸、硫酸锌、硼酸（5％以上）、过氧化物和磺胺类药物以及钙、镁、铁、铝等金属离子，都对本品有拮抗作用。

【作用与用途】消毒防腐药。用于手术器械、皮肤和创面消毒。

【用法与用量】以苯扎溴铵计。创面消毒：配成0.01％溶液；皮肤、手术器械消毒：配成0.1％溶液。

【不良反应】按规定的用法用量使用尚未见不良反应。

【注意事项】①禁与肥皂及其他阴离子表面活性剂、盐类消毒剂、碘化物和过氧化物等合用，术者用肥皂洗手后，务必用水冲净后再用本品。②不宜用于眼科器械和合成橡胶制品的消毒。③配制器械消毒液时，需加0.5％亚硝酸钠以防生锈，其水溶液不得贮存于聚乙烯制作的容器内，以避免与增塑剂起反应而使药液失效。④可引起人的药物过敏。

【休药期】无须制定。

【规格】5％。

【包装】500mL/瓶。

【贮藏】遮光，密闭保存。

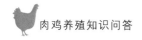

19. 聚维酮碘溶液

【主要成分】碘。

【性状】本品为红棕色液体。

【药理作用】本品是一种高效低毒的消毒药物，通过不断释放游离碘，破坏病原微生物的新陈代谢而使之死亡，对细菌、病毒和真菌均有良好的杀灭作用。

【作用与用途】卤素类消毒防腐药。用于手术部位、皮肤黏膜消毒。

【用法与用量】以聚维酮碘计。皮肤消毒及治疗皮肤病，5％溶液；奶牛乳头浸泡，0.5％～1％溶液；黏膜及创面冲洗，0.1％溶液。

【不良反应】按规定用法用量使用尚未见不良反应。

【注意事项】①对碘过敏动物禁用。②当溶液变为白色或淡黄色即失去消毒活性。③不应与含汞药物配伍。

【休药期】无须制定。

【规格】5％。

【贮藏】遮光，密封，在阴凉处保存。

20. 氢氧化钠

【主要成分】含 NaOH96％，以及少量的氯化钠和碳酸钠。

【性状】为白色不透明固体。吸湿性强，露置空气中会逐渐溶解而成溶液状态（俗称液碱）。易从空气中吸收 CO_2，渐变成碳酸钠。密闭保存。本品在水中极易溶解，在乙醇中易溶。

【作用与用途】消毒药。烧碱属原浆毒，杀菌力强，能杀死细菌繁殖体、芽孢和病毒，还能皂化脂肪和清洁皮肤。2％溶液用于鸡白痢等细菌性感染的消毒；5％溶液用于炭疽芽孢污染的消毒。

【注意】①对组织有腐蚀性，能损坏织物和铝制品。②消毒人员应注意防护。

【用法与用量】厩舍地面、饲槽、车船、木器等消毒：配成2%溶液。

21. 甲醛溶液

【主要成分】含甲醛不得少于36%（g/L）。

【性状】甲醛溶液为无色或几乎无色的澄明液体，有刺激性臭味；能与水或乙醇任意混合。本品中含有10%～12%甲醇以防止聚合。在冷处久贮，易生成聚甲醛而发生混浊。

【作用与用途】不仅能杀死细菌的繁殖型，也能杀死芽孢（如炭疽芽孢），以及抵抗力强的结核杆菌、病毒及真菌等。主要用于厩舍、仓库、孵化室、皮毛、衣物、器具等的熏蒸消毒，标本、尸体防腐；亦用于胃肠道制酵。消毒温度应在20℃以上。甲醛对皮肤和黏膜的刺激性很强，但不损坏金属、皮毛、纺织物和橡胶等。甲醛的穿透力差，不易透入物品深部发挥作用。具滞留性，消毒结束后即应通风或用水冲洗，甲醛的刺激性气味不易散失，故消毒空间仅需相对密闭。

【注意】①甲醛气体有强致癌作用，尤其是肺癌，近年来已较少用于消毒。②消毒后在物体表面形成一层具腐蚀作用的薄膜。③若动物误服大量甲醛溶液，应迅速灌服稀氨水解毒。④药液污染皮肤，应立即用肥皂和水清洗。

【用法与用量】①熏蒸消毒：每立方米用15mL甲醛溶液加水20mL加热蒸发消毒4～10h，消毒结束后打开门窗通风。为消除甲醛味，每立方米用2～5mL浓氨水加热蒸发，可使甲醛变成无刺激性的环六亚甲四胺。②器具喷洒消毒：配成2%溶液。③生物或病理标本固定和保存、尸体防腐：配成5%～10%溶液。

22. 二氯异氰脲酸钠粉

【主要成分】二氯异氰脲酸钠。

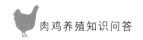

【性状】本品为白色或类白色粉末，具有次氯酸的刺激性气味。

【药理作用】含氯消毒剂。二氯异氰脲酸钠在水中分解为次氯酸和氰脲酸，次氯酸释放出活性氯和初生态氧，对细菌原浆蛋白产生氯化和氧化反应而呈杀菌作用。

【作用与用途】消毒药。主要用于禽舍、畜栏、器具及种蛋等消毒。

【用法与用量】以本品计。畜禽饲养场所、器具消毒：每升水 $0.5\sim5g$；种蛋消毒，浸泡：每升水 $0.5\sim2g$；疫源地消毒：每升水 1g。

【不良反应】按规定的用法与用量使用尚未见不良反应。

【注意事项】所需消毒溶液现用现配，对金属有轻微腐蚀，可使有色棉织品褪色。

【休药期】无须制定。

【规格】按有效氯（Cl）计算：20%。

【贮藏】密封，在凉暗处保存。

23. 二氯异氰脲酸钠烟熏剂

【主要成分】二氯异氰脲酸钠。

【性状】本品为白色或类白色粉末，有氯臭味。助燃剂为黄色细末。

【药理作用】消毒剂。二氯异氰脲酸钠加热后，释放出氯气，通过氯化和氧化作用，作用于病原微生物，使菌体蛋白发生变性，导致病原微生物死亡，而呈杀菌作用。

【作用与用途】消毒剂。主要用于空畜禽舍及饲养用具的烟熏消毒。

【用法与用量】烟熏：将 A 包（二氯异氰脲酸钠）与 B 包（助燃剂）按 2∶1 重量比混匀，每立方米使用混合物 5g，点燃，密闭12h，通风 1h。

【不良反应】本品燃烧时产生的烟气具有强烈的刺激性，可引起使用者流泪、咳嗽，严重时可产生氯气中毒，表现出躁动、呕吐、呼吸困难。

【注意事项】①即配即用，远离热源。②本品燃烧时产生的烟气对皮肤和黏膜有刺激作用，使用者应注意自身防护。

【休药期】无须制定。

【贮藏】密封，在凉暗处保存。

【有效期】2 年。

附录四 常用中药制剂

24. 板青颗粒

【主要成分】板蓝根、大青叶。

【性状】本品为浅黄色或黄褐色的颗粒；味甜、微苦。

【功能】清热解毒，凉血。

【主治】风热感冒，咽喉肿痛，热病发斑。风热感冒：证见发热，咽喉肿痛，口干喜饮，苔薄白，脉浮数。热病发斑：证见发热，神昏，皮肤、黏膜发斑，或有便血、尿血。舌红绛，脉数。

【用法与用量】鸡 0.5g。

【不良反应】按规定剂量使用，暂未见不良反应。

【注意事项】暂无规定。

【贮藏】密封，防潮。

25. 清瘟解毒口服液

【主要成分】地黄、栀子、黄芩、连翘、玄参等。

【性状】本品为棕黑色的液体；气微，味苦。

【功能】清热解毒。

【主治】外感发热。

【用法与用量】鸡 0.6～1.8mL，连用 3d。

【不良反应】按规定剂量使用，暂未见不良反应。

【注意事项】暂无规定。

【规格】1mL 相当于原生药 1.18g。

【贮藏】密封，置阴暗处。

26. 麻杏石甘口服液

【主要成分】麻黄、苦杏仁、石膏、甘草。

【性状】本品为深棕褐色的液体。

【功能】清热，宣肺，平喘。

【主治】肺热咳喘。

【用法与用量】每瓶 150～250kg 水。

【不良反应】按规定剂量使用，暂未见不良反应。

【注意事项】暂无规定。

【规格】1mL 相当于原生药 2.4g。

【包装】250mL/瓶。

【贮藏】密封，置阴凉处。

27. 双黄连口服液

【主要成分】金银花、黄芩、连翘。

【性状】本品为棕红色的澄清液体；微苦。

【功能】辛凉解表，清热解毒。

【主治】感冒发热。证见体温升高，耳鼻温热，发热与恶寒同时并见，被毛逆立，精神沉郁，结膜潮红，流泪，食欲减退，或有咳嗽，呼出气热，咽喉肿痛，口渴欲饮，舌苔薄黄，脉象浮数。

【用法与用量】每瓶 250～500kg 水。

【不良反应】按规定剂量使用，暂未见不良反应。

【注意事项】风寒感冒者不宜使用。

【规格】1mL 相当于原生药 1.5g。

【包装】250mL/瓶。

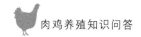

【贮藏】密封，避光，置阴凉处。

28. 甘草颗粒

【主要成分】甘草。

【性状】本品为黄棕色至棕褐色的颗粒；味甜、略苦涩。

【功能】祛痰止咳。

【主治】咳嗽。

【用法与用量】鸡 0.5～1g。

【不良反应】按规定剂量使用，暂未见不良反应。

【注意事项】不与海藻、大戟、甘遂、芫花合用。

【规格】100g/袋。

【贮藏】密封，置阴凉干燥处。

29. 清解合剂

【主要成分】石膏、金银花、玄参、黄芩、生地黄等。

【性状】本品为红棕色的液体；味甜、微苦。

【功能】清热解毒。

【主治】鸡大肠杆菌引起的热毒症。

【用法与用量】鸡 0.6～1.8mL，连用 3d。

【不良反应】按规定剂量使用，暂未见不良反应。

【注意事项】暂无规定。

【规格】1mL 相当于原生药 1.18g。

【包装】250mL/瓶。

【贮藏】密封，置阴暗处。

30. 七清败毒颗粒

【主要成分】黄芩、虎杖、白头翁、苦参、板蓝根等。

【性状】本品为黄棕色或棕褐色的颗粒；味苦。

【功能】清热解毒，燥湿止泻。

【主治】湿热泄泻，雏鸡白痢。证见发热怕冷，精神沉郁，翅膀下垂，食欲减少或废绝，口渴多饮，排白色、淡黄或淡绿色稀粪，粪便沾污在泄殖腔周围。

【用法与用量】每袋 40kg 水。

【包装】100g/袋。

【不良反应】按规定剂量使用，暂未见不良反应。

【注意事项】暂无规定。

【贮藏】密封，防潮。

参 考 文 献

陈宽维，2001. 优质黄羽肉鸡饲养新技术 ［M］. 南京：江苏科学技术出版社.

陈溥言，2008. 兽医传染病学 ［M］. 5版. 北京：中国农业出版社.

崔治中，2009. 兽医全攻略·鸡病 ［M］. 北京：中国农业出版社.

戴亚斌，2015. 鸡场用药关键技术 ［M］. 北京：中国农业出版社.

樊新忠，2003. 土杂鸡养殖技术 ［M］. 北京：金盾出版社.

甘孟侯，1999. 中国禽病学 ［M］. 北京：中国农业出版社.

李慧芳，赵宝华，赵振华，2021. 土杂鸡高效养殖一本通 ［M］. 北京：中国农业技术出版社.

胡北侠，黄艳艳，路希山，等，2009. 规模化肉种鸡场新城疫和禽流感带毒监测与抗体检测研究 ［J］. 中国畜牧兽医，36（6）：131-133.

黄艳艳，李悦，张琳，等，2017. 聚肌胞对禽流感油乳剂疫苗的体液免疫增强作用研究 ［J］. 山东农业科学，49（12）：100-102，143.

黎寿丰，陈宽维，赵振华，2017. 我国肉鸡种业发展战略思考与建议 ［J］. 中国家禽，39（1）：1-5.

卢军，胡传伟，金乔，等，2007. 表达鸡马立克氏病病毒 gB 基因重组鸡痘病毒的遗传稳定性及生物安全性评价 ［J］. 中国预防兽医学报（5）：327-331.

潘志明，焦新安，刘学贤，等，1999. 鸡白痢沙门氏菌耐药性的变化趋势 ［J］. 中国预防兽医学报（4）：66-68.

潘志明，张小荣，焦新安，等，2003. 鸡沙门氏菌弱毒苗与微生态制剂联合应用的效果 ［J］. 中国兽医学报（2）：155-156.

孙朋，李华坤，杜文书，等，2009. 肉鸡养鸡场生物安全体系筹建措施探讨 ［J］. 黑龙江畜牧兽医（16）：24-25.

王培永，李峰，王春玲，等，2007. 浅谈生物安全对我国养殖业发展的影响 ［J］. 家禽科学（7）：38-40.

王东萍，崔雪志，沈志勇，等，2018. 新城疫-禽流感（H9N2亚型）二联灭活疫苗免疫效果评估 [J]. 中国家禽，40（10）：56 - 58.

王钱保，赵振华，黎寿丰，等，2018. 光照对优质肉鸡性成熟启动前生长和性器官发育的影响 [J]. 福建农林大学学报（自然科学版），47（5）：574 - 579.

王钱保，赵振华，黎寿丰，等，2020. 肉鸡不同生长时期光照模式研究 [J]. 家畜生态学报，41（5）：40 - 45.

王钱保，黄华云，李春苗，等，2023. 肉种鸡下笼后福利养殖模式下的生产性能和肠道组织形态差异分析 [J]. 南方农业学报，54（8）：2474 - 2481.

王培永，朱井兴，赵瑶新，等，2024. 一例肉鸡慢性霉菌毒素中毒的临床诊治和体会 [J]. 中国禽业导刊，41（4）：55 - 57.

薛艳梅，2020.（我国肉鸡养殖现状及主要疾病防控 [J]. 畜牧兽医科学（电子版），18）：101 - 102.

杨玲，高璐，高崧，等，2001. 禽源大肠杆菌的药敏试验 [J]. 中国禽业导刊（7）：26.

郁斌，闫志宪，王培永，2009. 鸡传染性法氏囊病新型疫苗研究现状及发展趋势 [J]. 中国动物检疫，26（4）：73 - 75.

霍亚飞，胡北侠，许传田，等，2015. 鸡传染性支气管炎弱毒疫苗株安全性和免疫效力初步评价 [J]. 中国兽医学报，35（6）：895 - 899.

赵东伟，王钱保，张子晓，等，2023. 鸡舍环境参数控制与福利养殖研究进展 [J]. 中国家禽，45（3）：99 - 105.